KB133966

일상적이지만 절대적인

생활 속 수학 지식 100

일상적이지만 절대적인 생활 속 수학 지식 100

1판 8쇄 발행   2025년 1월 10일

글쓴이   존 D. 배로
옮긴이   전대호

펴낸이   이경민
펴낸곳   (주)동아엠앤비
출판등록   2014년 3월 28일(제25100-2014-000025호)
주소   (03972) 서울특별시 마포구 월드컵북로22길 21, 2층
전화   (편집) 02-392-6901 (마케팅) 02-392-6900
팩스   02-392-6902
전자우편   damnb0401@naver.com
SNS   🅵 🅾 🆖

ISBN 979-11-87336-13-6 (04410)
       979-11-87336-12-9 (set)

※ 책 가격은 뒤표지에 있습니다.
※ 잘못된 책은 구입한 곳에서 바꿔 드립니다.
※ 이 책에 실린 사진은 위키피디아, 셔터스톡에서 제공받았습니다.
※ 이 도서의 국립중앙도서관 출판예정도서목록(CIP)은 서지정보유통지원시스템 홈페이지
http://seoji.nl.go.kr와 국가자료공동목록시스템 http://www.nl.go.kr/kolisnet에서 이용하실 수 있습니다.
(CIP제어번호: CIP2016013691)

일상적이지만 절대적인 생활 속 수학지식 100

a+b=?

존 D. 배로 지음 | 전대호 옮김

동아엠앤비

데이비드와 엠마에게 이 책을 바친다.

나는 아버지와 함께 수학 공부를 계속했다.

분수와 소수를 지나면서 자부심을 느꼈고 결국 수많은 소들이

풀을 얼마나 뜯어먹을지, 물통에 물이 차려면 몇 시간이나 걸릴지에 대한

문제에까지 도달했다. 정말 매혹적이었다.

애거서 크리스티

프롤로그

파편과 조각을 모아서 이 작은 책을 만들었다. 파편은 수학을 일상 생활에 색다르게 적용한 사례이며, 조각은 그 사례와 어느 정도 관련이 있는 다른 이야기이다. 짧은 글 100편을 모았고, 은밀한 주장이나 원칙 없이 되는 대로 배열했다. 단어들만 나오는 글도 있고, 숫자들이 등장하는 글도 있으며, 보이는 것 너머의 공식을 알려주는 글도 아주 드물게 있다. 수학은 다른 방식으로는 배울 수 없는 세계에 관한 이야기를 들려주기 때문에 재미있고 중요하다. 물리학의 기초나 우주의 광활함을 논할 때는 거의 어김없이 수학이 등장한다. 하지만 나는 독자가 이 책을 통해, 지루할 정도로 익숙하거나 눈여겨보지 않고 지나친 온갖 것들에 단순한 아이디어가 어떻게 새로운 빛을 비출 수 있는지 깨닫게 되기를 바란다.

본문에 나오는 예들의 상당수는 밀레니엄 수학 프로젝트(www.mmp. maths.org)를 염두에 두고 선정했다. 나는 1999년에 케임브리지로 일터를 옮겨 그 프로젝트를 지휘했다. 수학이 우리 주변에 있는 거의 모든 것에 대해 이야기할 수 있음을 보여준다면, 사람들은 수학이 세계에 대한 인간의 지식의 근본을 이룸을 이해할 수 있을 것이다.

스티브 브람스, 마리안 프라이버거, 제니 게이지, 존 헤이, 요르크

헨스겐, 헬렌 조이스, 톰 크로너, 임레 리더, 드루몽 무아, 로버트 오서 먼, 제니 피고트, 데이비드 스피겔할터, 윌 설킨, 레이첼 토머스, 존 H. 헵, 마크 웨스트, 로빈 윌슨에게 고맙다는 인사를 전한다. 이들은 유익한 토론과 격려와 실제적인 도움으로 이제부터 나올 핵심적인 사실을 모으는 데 도움을 주었다.

마지막으로 엘리자베스, 데이비드, 로저, 루이스가 이 책에 기울인 세심한 관심에 감사한다. 나의 가족인 이들은 이제 왜 철탑이 삼각형들로 이루어졌고 어째서 줄타기 재주꾼이 긴 장대를 드는지 자주 이야기하곤 한다. 머지않아 당신도 그렇게 될 것이다.

존 D. 배로

차례

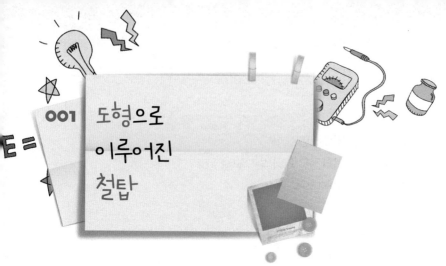

모세가 바다를 가르듯이, 내셔널 그리드 컴퍼니의 4YG8은 동료 철탑들을
이 옥스퍼드셔 주거지역 너머의 '약속의 땅' 디드콧 발전소로 이끈다.
_1999년 12월 『이달의 철탑』

철탑에 관한 정보를 제공하는 멋진 사이트가 몇 개 있지만, 『이달의 철
탑*Pylon of the Month*』(http://www.drookitagain.co.uk/coppermine/thumbnails.php?album=34)만
큼 재미있는 사이트는 없다. 이 사이트는 예전에 세상에서 가장 볼거리
가 많고 탐나는 송전탑들의 사진을 매달 게재했는데, 들어가 보면 스코
틀랜드에 있는 송전탑들을 볼 수 있다. 안타깝게도 '이달의 철탑'은 현
재 관리상태가 엉망이지만 그래도 여전히 배울 것들이 많다. 왜냐하면
모든 철탑은 수학자에게 이야기를 들려주기 때문이다. 그 이야기는 중
력만큼이나 유명하고 어디에나 있어서 거의 주목받지 못하는 어떤 것
에 관한 이야기이다.

다음번에 열차를 타게 되면 차창 밖으로 쏜살같이 지나가는 철탑들

을 눈여겨보길 바란다. 모든 철탑
은 철제 막대들이 그물처럼 얽힌
구조로 되어 있는데, 그 구조에는
한 가지 다각형, 즉 삼각형만이 반
복해서 등장한다. 큰 삼각형들도
있고, 그것들 속에 들어 있는 작은
삼각형들도 있다. 정사각형이나 직
사각형으로 보이는 부분도 삼각형
두 개가 연결된 구조이다. 왜 그럴
까? 대답은 19세기 초에 프랑스 수
학자 오귀스탱−루이 코시의 연구에서 시작된 흥미로운 수학 이야기에
들어 있다.

　철제 막대를 볼트로 접합하여 만들 수 있는 모든 다각형 중에서 삼
각형은 특별하다. 왜냐하면 삼각형만이 고정된 형태를 유지할 수 있기
때문이다. 다른 다각형들은, 만일 꼭짓점들에 경첩이 달려 있다면, 금
속 막대를 구부리지 않으면서도 차츰 변형하여 다른 모양으로 만들 수
있다.

　간단한 예로 정사각형 틀과 직사각형 틀을 생각해보자. 이것들은 금
속 막대를 구부리지 않아도 평행사변형으로 변형할 수 있다. 만일 우리
가 바람과 온도 변화에도 끄떡없는 안정적인 구조를 추구한다면, 이 변
형 가능성은 심각한 문제가 될 것이다. 그래서 철탑들은 마치 삼각형의
신에게 바쳐진 제단이라도 되는 것처럼 삼각형을 기본 구조로 삼는다.

　논의를 3차원으로 옮기면 상황이 전혀 달라진다. 코시는 면들이 강

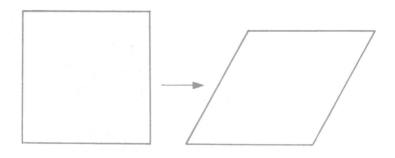

체이고(단단하고), 모서리들에 경첩이 달린 모든 볼록다면체는 강체라는 것을 증명했다. 4차원 이상의 볼록다면체 역시 마찬가지다.

그럼 볼록하지 않은 다면체는 어떨까? 그런 다면체들은 찌그러뜨리기가 훨씬 쉬울 것 같다. 이 질문에 대한 답은 1978년에 로버트 코널리에 의해 비로소 제시되었다. 코널리는 볼록하지 않으면서 강체가 아닌 다면체들을 발견했고, 그런 다면체들을 변형시키면 다면체의 부피가 변하지 않는다는 것을 증명했다. 그러나 볼록하지 않으며 강체가 아닌 다면체의 예들은 구조공학의 실용적인 관심과 직결될 가능성이 없는 듯하다. 그런 다면체들을 만들려면 완벽하게 정확해야 하기 때문이다. 마치 바늘을 세워서 균형을 잡는 것처럼 말이다. 그 정확성을 조금이라도 벗어나면 강체가 만들어진다. 그래서 수학자들은 '거의 모든' 다면체는 강체라고 말한다. 이 모든 지식은 구조의 안정성을 확보하는 데 기여하는 듯하지만 철탑들은 때때로 휘어지고 무너진다. 그 이유는 당신도 잘 알 거라고 믿는다.

줄타기 재주꾼이 장대를 드는 이유

002

나는 특권적인 교육을 받았지만 균형이 잘 잡힌 사람입니다.
언제나 싸울 준비가 되어 있죠.
_『뷰티풀 마인드』에서 러셀 크로우의 대사

당신의 직업이 무엇이든, 때때로 당신은 성공과 실패 사이에 걸린 밧줄 위를 걸으면서 균형을 잡으려 애쓰는 듯한 느낌을 받을 것이다. 그렇다면 실제로 줄타기를 하는 사람들은 어떨까? 어느 날 나는 지금은 누구에게나 익숙한 광경을 촬영한 옛날 영화를 보았다. 목숨이 아깝지 않아 보이는 줄타기 재주꾼이 급류가 흐르는 강 위로 까마득히 높이 걸린 밧줄 위를 걷는 광경이었다. 한 발만 삐끗하면, 뉴턴 중력법칙의 희생자가 또 한 명 나올 것이 뻔했다.

누구나 계단이나 나무판 위에서 균형을 잡으려고 애쓴 적이 있을 것이다. 우리는 상체를 기울이지 않기, 똑바로 서기, 무게중심을 낮추기 등, 균형을 잡는 데 도움이 되는 방법들을 경험을 통해서 알고 있다. 서

커스 학교에서는 이 모든 방법들을 가르친다. 그런데 줄타기 재주꾼들은 늘 아주 긴 장대를 들고 묘기를 부리는 듯하다. 어떤 장대는 자체의 무게 때문에 양 끝이 아래로 휘어지고, 때로는 장대 양 끝에 무거운 물통이 매달리기도 한다. 왜 그렇게 할까?

줄타기 재주꾼이 장대를 드는 이유를 이해하기 위해 알아야 할 핵심 개념은 관성이다. 관성이 큰 물체일수록, 힘을 받으면 더 느리게 움직인다. 관성은 무게중심과 아무 상관이 없다. 물체의 질량이 중심에서 먼 곳에 더 많이 분포할수록, 물체는 관성이 더 크고 움직이기가 어렵다. 지름과 질량이 같은 공 두 개를 생각해보자. 한 공은 속이 꽉 찼고, 다른 공은 속이 비었다. 두 공을 경사면에서 굴리면, 속이 비어서 질량이 표면에 몰려 있는 공이 더 느리게 굴러갈 것이다. 이와 유사하게, 줄타기 재주꾼이 장대를 들면 질량이 몸의 중심선에서 멀리 떨어진 곳에 많이 분포하게 되므로 재주꾼의 관성이 커진다.(관성의 단위는 거리의 제곱 곱하기 질량이다.) 따라서 평형 위치를 약간 벗어날 때 나타나는 흔들림이 더 느리게 일어난다. 그 흔들림의 주기는 더 길고, 재주꾼은 흔들림에 반응하여 균형을 회복할 시간을 더 많이 얻을 수 있다. 10cm짜리 막대를 들 때보다 1m짜리 막대를 들 때 균형 잡기가 얼마나 더 쉬운지 직접 확인해보라.

원숭이도
할 수 있는
일

003

내게 맞춤법 검사기가 있내
내 컴퓨더에 들어 있지
내가 못 본 실쑤를 정확히 포시하네

나는 이 시를 맞춤법 컴사기로 검샤했네
당신도 흡족하리라 확신하ᅦ
나룸대로 완벽한 글이라고 내 곰사기가 말해 줏네…

_배리 헤인스

원숭이 떼가 아무렇게나 타자기를 두드렸더니 셰익스피어의 작품이 쓰였다는 전설적인 이야기는 긴 세월 동안 차츰 생겨난 것으로 보인다. 조너선 스위프트가 1782년에 출판한 『걸리버 여행기』에는 라가도 그랜드 아카데미에서 일하는 신비한 교수가 등장한다. 그 교수는 학생들이 인쇄 기계로 무작위로 문자열들을 계속 만들어내도록 해 모든 과학지식의 목록을 작성하려고 했다.

최초의 타자기는 1714년에 특허를 받았다. 18세기와 19세기에 여러 프랑스 수학자들은 아무렇게나 타자를 쳐서 위대한 책이 만들어질 가능성이 낮다고 보았다. 여기에 원숭이가 처음 등장한 것은 1909년이다. 그해에 프랑스 수학자 에밀 보렐은 무작위로 타자를 치는 원숭이들이 언젠가는 프랑스 국립도서관에 있는 모든 책을 만들어낼 것이라고 주장했다. 아서 에딩턴은 1928년에 출판한 유명한 저서 『물리적 세계의 본성 *The Nature of the Physical World*』에서 이렇게 말했다. "만일 내가 타자기를 아무렇게나 두드린다면, 읽어낼 수 있는 문장이 만들어질 수도 있다. 만일 원숭이 떼가 여러 타자기를 두드린다면, 영국 박물관에 있는 모든 책들이 만들어질 수도 있다."

여러 저자는 결국 무작위로 타자를 치는 행동에 의해 재창조될 수 있는 탁월한 후보로 '셰익스피어 전집'을 선택하기에 이르렀다. 흥미롭게도 과거에 어느 웹사이트에서 무작위로 타자 치기를 시뮬레이션하면서 '셰익스피어 전집'과 일치하는 문자열을 검색하여 공개한 적이 있다. 원숭이의 타자 치기를 흉내 낸 그 시뮬레이션은 2003년 7월 1일에 원숭이 100마리로 시작하여 며칠마다 원숭이 수를 두 배로 늘리면서 최근까지 진행되었다. 원숭이들은 문자 2,000자가 들어가는 페이지를 총 10^{35}장 만들어냈다. 이 사이트는 2007년에 업데이트를 중단할 때까지 당일에 산출된 최장 일치 문자열과 그때까지의 작업을 통틀어 가장 긴 일치 문자열을 공개했다. 당일 기록들은 거의 일정해서, 문자열의 길이가 18자 또는 19자였으며, 통합 최장 일치 문자열은 아주 조금씩 길어졌다. 예컨대 원숭이들이 산출한 19자짜리 일치 문자열 중 하나는 아래의 행에 들어 있었다.

...Theseus. Now faire UWfIlaNWSKld6L;wb...

처음 19자(마지막 공백 포함)가 『한여름 밤의 꿈』에 나오는 다음의 문자열과 일치한다.

...Theseus. Now faire Hippolita, our nuptiall houre...

(테세우스: 그래, 아름다운 히폴리타, 우리 결혼할 때…)

한동안 통합 최장 일치 문자열은 아래에 있는 21자짜리였다.

...KING. Let fame, that wtlX"yh!"VYONOvwsFOsbhzkLH...

처음 21자가 『사랑의 헛수고』에 나오는 다음 대목과 일치한다.

KING. Let fame, that all hunt after in their lives,

Live registred upon our brazen tombs,

And then grace us in the disgrace of death; ...

(왕: 찬양하라, 사는 동안 무언가를 찾아 헤매는 모든 이들을,

살아서 우리의 황동 묘비에 기록된 이들을,

그리고 죽음이라는 불명예를 당한 우리에게 명예를 수여하라.)

2004년 12월에 통합 최장 문자열의 길이는 23자에 도달했다.

Poet. Good day Sir PainOiX5a]OM,MLGtUGSxX4IfeHQbktQ...

처음 23자('Pain'까지)가 『아테네의 타이먼』에 나오는 다음 대목과 일치

한다.

Poet. Good day Sir.

(시인: 좋은 날입니다.)

Pain. I am glad y'are well.

(페인: 당신이 좋다니 나도 좋군요.)

Poet. I haue not seene you long, how goes the World?

(시인: 오랫동안 못 뵈었습니다. 세상은 어떻게 돌아가나요?)

Pain. It weares sir, as it growes...

(페인: 점점 커지면서 낡아가는 중이지요.)

드디어 2005년 1월, 원숭이 수에 작업한 햇수를 곱한 값이 무려 2,737,850 곱하기 100만 곱하기 10억 곱하기 10억 곱하기 10억에 이른 후에 통합 최장 문자열의 길이가 24자로 늘어났다.

RUMOUR. Open your ears; 9r"5j5&?OWTY Zod 'B-nEoF.vjSqj[...

처음 24자가 『헨리 4세』 2부에 나오는 다음 대목과 일치한다.

RUMOUR. Open your ears; for which of you will stop

The vent of hearing when loud Rumour speaks?

(러무어: 귀를 열어라. 요란한 러무어가 말하는데,

감히 누가 듣는 구멍을 막을 것이냐?)

이 모든 결과가 시사하는 바는, 원숭이 떼가 셰익스피어 전집을 만들어내는 것은 시간문제에 불과하다는 것이다!

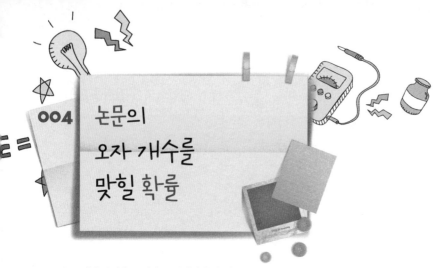

004 논문의 오자 개수를 맞힐 확률

누군가가 폭탄을 소지하고 비행기에 탈 확률은
약 1,000분의 1이라고 어느 글에서 읽었다.
그래서 나는 비행기에 탈 때마다 폭탄을 소지하기 시작했다.
두 사람이 폭탄을 소지하고 비행기에 탈 확률은
엄청나게 낮다고 보기 때문이다.

_익명의 저자

나는 1977년 7월 4일 미국 독립기념일을 생생하게 기억한다. 그날 영국은 몇 년 만에 최고로 더웠고, 나는 옥스퍼드에서 박사학위를 위한 구술시험을 치렀다. 의미가 약간 다르긴 했지만, '독립'은 나의 시험과도 상당한 관련이 있었다. 시험관들이 가장 먼저 던진 질문이 내 논문의 주제인 우주론과 전혀 무관한 독립적인 질문, 즉 통계학에 관한 질문이었던 것이다. 한 시험관은 내 논문에서 오자 32개를 발견했다(워드프로세서와 맞춤법 검사기가 없던 시절이다). 또 다른 시험관은 23개를 발견했다. 그리하여 질문은 다음과 같았다. 두 시험관이 발견하지 못한 오자가 얼마나 더 있겠는가? 잠깐 동안 두 시험관이 찾아낸 오자들을 비교해보니, 두 사람이 공통으로 발견한 오자는 16개였다. 아마 독자들은 믿기 어렵겠지만, 두 시험관이 각자 독립적으로 논문을 검토했으므로 한 사람이 오자를 발견할 확률은 다른 사람이 오자를 발견할 확률과 무관하다고 전제하면, 시험관들의 질문에 대답할 수 있다.

시험관 1과 시험관 2가 오자를 각자 A개와 B개 발견했고, 두 사람이 공통으로 발견한 오자는 C개라고 해보자. 이때 시험관 1이 오자를 발견할 확률은 a, 시험관 2가 오자를 발견할 확률은 b라고 가정하자. 만일 논문에 들어 있는 오자의 총수가 T라면, A=aT이고 B=bT이다. 그런데 두 시험관이 독립적으로 논문을 검토했다면, 우리는 C=abT라는 핵심적인 사실도 알 수 있다. 따라서 $AB=abT^2=CT$이다. 그러므로 T=AB/C, 다시 말해 논문에 들어 있는 오자의 총수 T는 a와 b가 얼마이든 상관없이 AB/C이다. 두 시험관이 찾아낸 오자의 개수는(공통으로 찾아낸 오자들은 한 번씩만 세어야 하므로) A+B−C이므로, 그들이 못 찾은 오자의 개수는 T−(A+B−C), 즉 (A−C)(B−C)/C이다.

풀어서 이야기하면, 시험관들이 못 찾은 오자의 개수는, 시험관 1만 발견한 오자의 개수 곱하기 시험관 2만 발견한 오자의 개수 나누기 두 사람 다 발견한 오자의 개수이다. 곰곰이 생각해보면 충분히 납득할 만한 결론이다. 만일 두 시험관이 오자를 많이 찾았는데 공통으로 찾은 오자는 없다면, 그들은 오자를 찾는 데 그리 능하지 않은 것이고, 따라서 두 사람 다 못 찾은 오자가 훨씬 더 많을 가능성이 높다. 내 논문의 경우에 A=32, B=23, C=16이었으므로, 발견되지 않은 오자의 개수는 (16×7)/16=7로 예측되었다.

이런 유형의 논증은 다양한 상황에 써먹을 수 있다. 여러 전문가들이 각각 독립적으로 원유 매장 지점들을 찾는다고 해보자. 이들이 발견하지 못한 매장 지점들이 얼마나 더 있을까? 또는 여러 관찰자가 숲에서 24시간 내내 관찰하여 어떤 동물이나 새의 개체수를 보고한다고 해보자. 이들이 관찰하지 못한 동물이나 새가 몇 마리나 더 있을까?

　문학작품 분석에서도 이와 유사한 문제가 발생했다. 1976년에 스탠퍼드 대학의 통계학자 두 명은 윌리엄 셰익스피어의 모든 작품에 쓰인 단어의 개수를 세고 여러 번 쓰인 단어들을 고려하면서 위와 똑같은 방식으로 논증하여 셰익스피어가 아는 어휘의 규모를 추정했다. 셰익스피어는 총 90만 단어로 작품들을 썼다. 그의 전집에 등장하는 서로 다른 단어는 총 31,534개인데, 이 중에서 14,376개는 단 한 번, 4,343개는 두 번, 2,292개는 세 번 등장한다. 통계학자들은 셰익스피어가 작품에 써먹지 않은 단어를 적어도 35,000개 알았다고 추정했다. 결론적으로 셰익스피어가 아는 어휘 규모는 약 66,500단어였을 것이다. 그런데 놀랍게도 당신이 아는 어휘 역시 이 정도 규모이다.

럭비는 내가 구석구석까지 잘 안다고 자부할 수 없는 게임이다.
물론 대략적이고 일반적인 원리들은 안다. 그러니까 공을 어떻게든
상대방 진영으로 가져가서 끝선 너머에 내려놓는 것이 주요 활동이라는 것,
그리고 이를 수행하기 위해서 양편이 어느 정도 폭력을 행사해
다른 곳에서라면 가차 없이 14일 구금과 판사의 강력한 경고가
뒤따를 짓을 해도 된다는 것 말이다.

_P. G. 우드하우스(영국 소설가), 『지브스, 아주 좋아Very Good, Jeeves』에서

운동의 상대성은 아인슈타인에게만 맡겨둘 문제가 아니다. 멈춘 열차
안에 앉아 있는데 옆 철로의 열차가 반대 방향으로 출발하는 바람에 잠
깐 동안 내 열차가 출발했다고 착각한 경험이 누구에게나 있을 것이다.

또 다른 예를 들어보자. 2003년에 나는 시드니에 있는 뉴사우스웨일
스 대학을 2주 동안 방문했다. 럭비 월드컵 소식이 대중의 관심과 언론
을 장악하고 있던 때였다. 텔레비전으로 럭비 경기를 보다가 문득 상대
성과 관련한 흥미로운 문제가 떠올랐다. 물론 해설자들은 그 문제를 거
론하지 않았다.

전진 패스는 무엇을 기준으로 삼아서 전진 패스일까? 성문화된 규칙
에는 '전진 패스란 상대 진영 끝선을 향해 이루어지는 패스'라고 명확

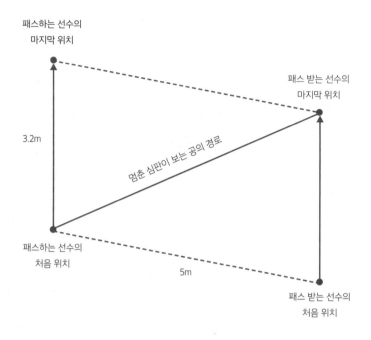

패스하는 선수의
마지막 위치

패스 받는 선수의
마지막 위치

3.2m

멈춘 심판이 보는 공의 경로

패스하는 선수의
처음 위치

5m

패스 받는 선수의
처음 위치

하게 규정되어 있다. 그러나 선수들이 움직이면서 패스한다면, 운동의 상대성 때문에 관찰자의 입장에서 상황을 판단하기가 까다로워진다.

공격수 두 명이 5m 간격을 두고 상대 진영 끝선을 향해 초속 8m로 달린다고 해보자. 이때 '패스 받는 선수'는 '패스하는 선수'보다 1m 뒤처져 있다. 패스하는 선수가 패스 받는 선수에게 공을 초속 10m로 던지면 지면에 대한 공의 속력은 초속 $\sqrt{(10^2+8^2)}$=12.8m이고, 공이 두 선수의 간격 5m를 가로지르는 데 걸리는 시간은 0.4초이다. 이 시간 동안, 패스 받는 선수는 8×0.4=3.2m 이동한다. 그러니까 공이 던져지는 순간에 그는 패스하는 선수보다 1m 뒤처져 있었지만, 공을 받는 순간에 그는 원래 패스 지점보다 2.2m 앞에 있다. 따라서 멈춰 있는 선심은 전진 패스가 이루어졌다고 보고 깃발을 치켜들 것이다. 반면에 선수들을 따라 달리는 주심은 공이 앞으로 나아가지 않았다고 보고 경기를 계속 진행시킬 것이다. 이런 난처한 상황은 얼마든지 발생할 수 있다.

구르는
바퀴의
회전운동

006

내 마음은 바퀴와 같아.

_폴 매카트니(비틀즈 멤버), 〈굴리게 놔둬Let Me Roll It〉

영국 도심에서 제한속도를 시속 32km로 낮추고 곳곳에 과속 카메라를 설치하자는 제안을 둘러싸고 벌어지는 논쟁을 어느 주말에 여러 신문에서 읽었다. 교통안전 문제와 별개로, 회전운동과 관련한 흥미로운 문제가 떠올랐다. 어쩌면 과속 카메라들은 수많은 자전거 운전자들을 적발하게 될지도 모른다. 자전거 운전자들은 제한속도를 확실히 초과했다는 통보에 어리둥절해질 것이다. 왜 그럴까?

자전거가 속력 V로 과속 카메라를 향해 움직인다고 해보자. 다시 말해 자전거를 탄 사람의 몸이나 바퀴 축이 지면에 대해서 속력 V로 운동한다. 이때 회전하는 바퀴의 여러 지점에서 무슨 일이 일어나는지 더 자세히 살펴보자. 바퀴가 미끄러지지 않는 한, 바퀴와 지면이 접촉한 지점(이하 접촉 지점)의 속력은 0일 수밖에 없다. 바퀴의 반지름이 R이고 바퀴가 초당 Ω 회전의 일정한 각속도로 회전한다면, 접촉 지점의 속력을 $V-R\Omega$로 적을 수 있다. 이 값이 0이어야 하므로, $V=R\Omega$이다. V는 바퀴 축이 전진하는 속력이다. 다른 한편, 바퀴 꼭대기의 전진 속력은 V와 회전속력의 합이다. 다시 말해 $V+R\Omega$, 즉 2V이다.

만일 카메라가 다가오거나 멀어지는 자전거의 속력을 바퀴 꼭대기를 기준으로 삼아 측정한다면, 자전거를 탄 사람의 속력보다 두 배 큰 값이 기록될 것이다. 수학에 재능이 있는 사람들은 흥미로운 해결책을 궁리해볼 수도 있겠지만, 개인적으로는 간단히 자전거 바퀴에 흙받기를 달라고 조언하고 싶다.

007

덩치에
비례해서
강해질까?

논리학 없이 진리를 발견한 다음에만
논리학으로 진리를 발견할 수 있다.
_ G. K. 체스터턴(영국 소설가)

보통은 커지면 커질수록 강해진다. 크기와 힘이 함께 커지는 사례는 우리 주변에서 숱하게 발견된다. 권투와 레슬링, 역도에서는 무거울수록 힘이 세다는 사실을 인정하여 선수의 체중에 따라 체급을 정한다. 그런데 무게나 크기가 증가함에 따라 힘은 얼마나 빨리 증가할까? 무게와 힘이 똑같은 속도로 증가할까? 따져 보면 반례도 있는 것 같다. 새끼 고양이는 꼬리를 번쩍 치켜들 수 있지만, 덩치가 훨씬 큰 어미 고양이는 그렇게 하지 못한다. 어미의 꼬리는 자체의 무게 때문에 휘어진다.

무게와 힘의 관계를 정확히 이해하기 위해 간단한 예를 살펴보자. 짧은 막대 모양의 빵을 양손으로 잡고 부러뜨려 보라. 이번에는 두께는 같지만 훨씬 더 긴 빵을 부러뜨려 보라. 당신이 양손의 간격을 동일하게 유지한다면, 긴 빵을 부러뜨릴 때 드는 힘이 짧은 빵을 부러뜨릴 때 드는 힘과 다를 바 없을 것이다. 조금만 생각하면 왜 그런지 이유를 알 수 있다. 막대 빵은 횡단면이 갈라지면서 부러진다. 모든 일이 횡단면에서 일어나는데, 분자들이 결합하여 이룬 얇은 면에 균열이 생겨서 빵이 부러지는 것이다. 빵의 나머지 속성들은 이 과정과 아무 상관이 없다. 100m짜리 빵이라 해도 얇은 횡단면 하나에 위치한 분자들의 결합을 끊는 데 필요한 힘은 짧은 빵과 다르지 않다. 요컨대 막대 빵의 (버티는) 힘은 횡단면에서 끊어져야 하는 결합의 개수에 의해 결정된다. 횡단면의 면적이 클수록 더 많은 결합이 끊어져야 하고, 따라서 막대 빵의 힘은 더 커진다. 결론적으로 힘은 횡단면의 면적에 비례하고, 이 면적은 보통 반지름의 제곱에 비례한다. 즉 힘은 반지름의 제곱에 비례한다.

막대 빵과 역도선수를 비롯한 일상적인 물체들은 밀도가 개체에 따라 다르지 않고 거의 일정하다. 이들의 밀도는 이들을 구성하는 원자들의 평균 밀도와 같다. 그런데 밀도는 질량 나누기 부피, 즉 질량 나누기 반지름의 세제곱에 비례한다. 그러므로 질량은 반지름의 세제곱에 비례한다. 마지막으로 지구 표면에 있는 물체의 무게는 질량에 비례하므로, 무게는 반지름의 세제곱에 비례한다. 따라서 우리는 다음과 같은 단순한 비례 '법칙'을 세울 수 있다.

$$(\text{힘})^3 \propto (\text{무게})^2$$

이 단순한 어림 규칙에서 온갖 결론을 도출할 수 있다. 우선 힘/무

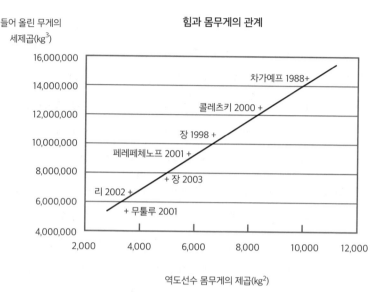

들어 올린 무게의
세제곱(kg³)

힘과 몸무게의 관계

16,000,000

14,000,000 　　　　　　　　　　　차가예프 1988+

12,000,000 　　　　　　　콜레츠키 2000 +

10,000,000 　　　　장 1998 +

페레페체노프 2001 +

8,000,000 　　　　　　+ 장 2003

리 2002 +

6,000,000 　　+ 무툴루 2001

4,000,000

2,000　　4,000　　6,000　　8,000　　10,000　　12,000

역도선수 몸무게의 제곱(kg²)

게 $\propto$ (무게)$^{-1/3}$ $\propto$ 1/(반지름)이다. 풀어서 말하면, 단위 무게가 발휘하는 힘은 물체가 커질수록 줄어든다. 따라서 당신이 성장할 때, 당신의 힘은 당신의 무게보다 더 느리게 증가한다. 만일 당신이 계속 성장한다면, 결국 너무 무거워서 일어서지도 못하게 될 것이다. 더 나아가 원자와 분자로 이루어진 모든 육상 구조물은 한없이 커질 수 없다. 공룡도 나무도 건물도 크기의 한계가 있다. 이들의 크기를 계속 증가시키면, 언젠가 자체의 무게 때문에 토대를 이루는 분자 결합들이 끊겨 붕괴할 수밖에 없다.

앞에서 몇몇 스포츠에서는 크기와 무게의 이점이 매우 두드러지기 때문에 체급별로 경기가 이루어진다는 점을 지적했다. 우리가 세운 비례 '법칙'이 옳다면, 역도선수가 들어 올린 무게의 세제곱과 역도선수 몸무게의 제곱을 Y좌표와 X좌표로 삼아 그래프를 그리면 직선 그래프가 나와야 할 것이다. 앞의 그래프는 남자 역도 체급별 용상 세계기록을 자료로 삼아 그린 것이다.

그래프는 우리의 예측과 거의 완벽하게 일치한다! 때때로 수학은 단순한 진리를 가르쳐준다. '법칙'을 나타내는 직선에서 위로 가장 멀리 떨어진 선수는 덩치를 감안할 때 가장 강한 선수이다. 반면에 가장 큰 무게를 들어 올린 가장 무거운 선수는 덩치를 감안할 때 가장 약한 선수이다.

008 왜 항상 다른 줄이 빨리 줄어들까?

늘 남의 잔디가 더 푸르고
남이 앉은 자리의 햇볕이 더 따사로워.
_페툴라 클락(영국 가수)의 노래에서

공항이나 우체국에서 줄을 서면 꼭 다른 줄이 더 빨리 줄어드는 것 같다. 도로가 막히면 꼭 다른 차선이 더 빨리 빠지는 것 같다. 그래서 차선을 바꿔도 역시 다른 차선이 더 빨리 빠지는 것 같다. 영국에서 '소드의 법칙 Sod's Law'이라고 불리는 이 현상은 현실의 핵심에 자리 잡은 대립의 원리를 대변하는 듯하다. 물론 인간의 망상이나 편집에서 비롯된 결과일 수도 있다. 우리는 우연의 일치에 깊은 인상을 받는다. 그러면서 우리가 이제껏 훨씬 더 많은 우연의 일치를 거들떠보지 않았다는 점을 인식하지 못할 때가 많다. 그러나 더 느리게 줄어드는 줄에 설 때가 많다고 당신이 느끼는 것은 상당 부분 착각이 아니다. 실제로 당신은 느린 줄에 설 때가 많다!

이유는 단순하다. 평균적으로, 느린 줄은 사람이 더 많은 곳이다. 따라서 당신이 우체국에 있다면, 당신은 빠른 줄보다 느린 줄에 있을 가능성이 높다. 이 대목에서 '평균적으로'는 중요한 단서이다. 어떤 줄은 특별한 이유로 느릴 수도 있으니까 말이다. 예컨대 지갑을 안 가져온 사람이 있거나 정신없이 수다를 떠는 사람이 있어서 줄이 느리게 줄어들 수도 있다. 그러므로 당신은 가장 느린 줄에 서지 않을 때도 가끔 있겠지만, 평균적으로 가장 많은 사람들이 있는 줄에 설 가능성이 높다.

이런 유형의 자기 선택self-selection은 과학이나 데이터 분석에 심각한 영향을 끼칠 수 있는 선입견이다. 특히 모르는 사이에 자기 선택이 작동할 때 영향력이 크다. 교회에 출석하는 사람이 그렇지 않은 사람보다 더 건강한지 조사한다고 가정했을 때, 당신은 함정에 빠지지 말아야 한다. 건강이 좋지 않아 거동이 불편한 사람들은 교회에 다닐 수 없을 것이 뻔하다. 따라서 교회에 나온 사람들의 건강 상태만 보고 판단을 한다면 신뢰할 수 없는 결론이 나올 것이다. 이와 유사하게, 우주를 연구할 때 우리는 우주에서 우리의 위치가 특별하다고 생각하지 말아야 한다는 코페르니쿠스의 '원리'를 염두에 두어야 한다. 우리의 위치가 모든 면에서 특별하다는 생각은 옳지 않지만, 어떤 면에서도 특별하지 않다는 믿음은 심각한 오류일 수 있다. 생명은 특별한 조건이 갖춰진 장소에서만 존재할지도 모른다. 생명은 별과 행성이 있는 곳에서 발견될 가능성이 가장 높다. 그런데 별과 행성은 먼지 구름의 밀도가 평균보다 높은 특별한 곳에서 형성된다. 요컨대 과학 및 데이터를 분석할 때 던져야 할 가장 중요한 질문은 이것이다. 혹시 어떤 선입견 때문에 주어진 증거로부터 양쪽 결론 중 어느 하나를 편파적으로 끌어내는 것은 아닐까?

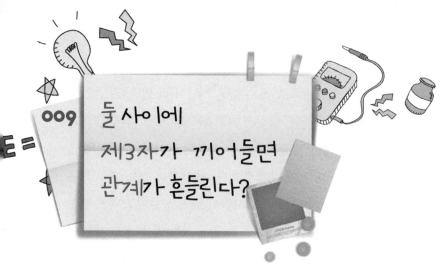

009

둘 사이에 제3자가 끼어들면 관계가 흔들린다?

올라간 것은 내려올 수밖에 없다.
_익명의 저자

서로 잘 지내는 두 사람 사이에 제3자가 끼어들면 관계가 흔들리는 경우가 흔히 있다. 이 현상은 관계를 맺어주는 힘이 중력일 때 훨씬 두드러지게 나타난다. 뉴턴은 지구와 달의 관계처럼 두 물체가 서로에게 중력을 발휘하면서 질량중심 주위의 안정 궤도에 머물 수 있음을 가르쳐주었다. 그런데 그런 두 물체로 이루어진 계에 이들과 질량이 비슷한 제3의 물체가 끼어들면, 일반적으로 매우 극적인 변화가 생긴다. 한 물체가 계에서 추방되고, 나머지 두 물체는 차츰 안정 궤도에 정착한다.

이 간단한 '새총 효과'에서 뉴턴의 중력이론이 지닌 놀랍도록 반직관적인 어떤 속성이 발견된다. 그 속성은 1992년에 제프 시아가 발견한 것이다. 먼저 질량이 M인 입자 네 개를 둘씩 두 평면에 배열하여 각각의 쌍이 자기 평면에서 궤도 운동을 하도록 만들자. 이때 두 평면은 서로 평행하고, 입자들의 회전 방향은 두 평면과 서로 반대여서 각 운동량의 총합은 0이다. 이제 훨씬 가벼운 입자 m을 투입하여 두 입자 쌍의 질량중심을 통과하는 직선에서 위아래로 진동하게 만들자. 그렇게 하면, 총 다섯 개의 입자로 이루어진 이 집단의 범위는 유한한 시간 동안에 무한히 팽창한다!

어째서 그렇게 될까? 진동하는 작은 입자는 입자 쌍 1(위 평면)에서 입자 쌍 2(아래 평면)로 이동한다. 그러면 작은 입자와 입자 쌍 2가 어울려 3체 문제(3개의 물체가 만유인력의 상호작용 아래 운동하면서 생기는 문제)가 발생하면서, 작은 입자는 위로 방출되고 입자 쌍 2는 그 반동으로 아래로 밀린다. 이제 작은 입자는 입자 쌍 1로 이동하고, 동일한 과정이 되풀이

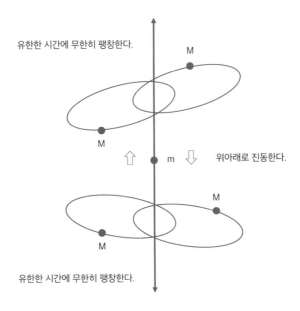

유한한 시간에 무한히 팽창한다.

위아래로 진동한다.

유한한 시간에 무한히 팽창한다.

된다. 이 과정은 끝없이 반복되고, 입자 쌍 1과 입자 쌍 2는 심하게 가속되어 유한한 시간 동안에 서로 무한히 멀어지게 된다. 그러는 동안에 일어나는 작은 입자의 진동 횟수도 무한하다.

이 예는 '무한히 많은 활동을 유한한 시간에 수행할 수 있는가'라는 철학자들의 오랜 문제에 대한 답을 제공한다. 속력에 한계가 없는 뉴턴적인 세계에서는, 그런 수행이 확실히 가능하다. 하지만 안타깝게도(어쩌면 다행스럽게도) 아인슈타인의 상대성이론을 감안하면 그런 수행은 불가능하다. 아인슈타인에 따르면, 어떤 정보도 광속보다 빠르게 전달될 수 없고 중력은 임의로 강해질 수 없다. 질량들이 임의로 가깝게 서로에게 접근했다가 튕겨나가는 것도 불가능하다. 질량이 M인 두 물체가 거리 $4GM/c^2$(G는 뉴턴 중력상수, c는 광속) 이내로 서로 접근하면 블랙홀이 형성되고, 두 물체는 그 블랙홀을 벗어나지 못한다.

당신 집의 뒤뜰에서도 간단한 실험으로 중력의 새총 효과를 확인할 수 있다. 이 실험은 세 물체가 서로 스치듯 지나가거나(천체들의 경우) 충돌할 때(우리 실험의 경우) 전체 운동량을 보존하기 위해서 큰 반발력이 발생한다는 것을 보여준다.

세 물체는 지구, 큰 공(농구공이나 표면이 매끄러운 축구공), 작은 공(탁구공이나 테니스공)이다. 큰 공을 가슴 높이에 들고 작은 공을 큰 공 바로 위에 들고 있다가 둘 다 땅으로 떨어뜨려라. 큰 공이 먼저 땅에 부딪혀 위로 튀면서 떨어지는 작은 공을 때릴 것이다. 결과는 놀라울 정도다. 작은 공은 같은 높이에서 그냥 떨어뜨렸을 때 튀는 높이보다 약 9배 높이로 튀어 오른다. (농구공은 지면에서 속력 V로 튀어 여전히 속력 V로 떨어지는 탁구공을 때린다. 따라서 농구공을 기준으로 삼으면, 탁구공은 충돌로 방향이 바뀌면서 위쪽으로 속력 2V로 튄다. 그런데 지면을 기준으로 볼 때, 농구공은 속력 V로 올라가고 있다. 따라서 지면을 기준으로 볼 때 탁구공은 충돌 후에 위쪽으로 속력 2V+V=3V로 운동한다. 위로 올라가는 물체가 도달하는 최고 높이는 V^2에 비례한다. 그러므로 탁구공은 농구공과 부딪히지 않았을 때보다 3^2=9배 높이 튀어 오른다. 그러나 실제 실험에서는 충돌 과정 중 발생하는 에너지 손실 때문에 탁구공이 9배보다 약간 덜 튀어 오를 것이다.) **따라서 실내에서 할 만한 실험은 아니다.**

알고 보면
세상은
좁다

010

세상은 좁은데 우리는 누구나 활동 범위가 넓다.
_사샤 아제베도(미국 영화배우)

당신은 얼마나 많은 사람을 아는가? 적당히 100명을 안다고 가정해보자. 당신이 아는 사람 100명이 각각 또 다른 100명을 안다면, 당신은 한 다리 건너 1만 명과 연결된다. 그렇게 보면 당신의 인맥도 생각보다 꽤 풍부한 편이다. 이런 식으로 다리 n개를 건너면, 당신은 $10^{2(n+1)}$명과 연결된다. 세계 인구는 약 66억 5,000만, 즉 $10^{9.8}$명이다. 따라서 2(n+1)이 9.8보다 크면, 당신은 세계 인구 전체보다 더 많은 사람과 연결된다. 다시 말해 n이 3.9보다 크면, 그러니까 겨우 네 다리만 건너면 당신은 모든 사람과 연결된다.

참 놀라운 결론이다. 물론 이 결론은 여러 비현실적인 전제에서 도출한 것이다. 예컨대 당신의 친구들의 친구들이 모두 달라서 중복되지 않는다는 전제는 비현실적이다. 그러나 이 문제를 감안하여 더 조심스럽게 계산해도 결론은 별로 달라지지 않는다. 겨우 여섯 다리만 건너면, 당신은 모든 사람과 연결된다. 실제로 확인해보라. 당신이 유명한 사람들과 연결되려면 대개 다섯 다리 이하만 건너면 충분할 것이다.

그런데 또 하나의 숨은 전제는 수상, 데이비드 베컴, 교황 등과 당신의 연결을 따져봐서는 잘 검증되지 않는다는 것이다. 이 유명인사들과 당신은 놀랍도록 가깝게 연결되어 있을 것이다. 왜냐하면 이들은 많은 사람과 연결되어 있기 때문이다. 반면에 당신이 어느 아마존 토착민이나 몽골 유목민과 연결되려면 훨씬 많은 다리를 건너야 할 것이다. 심지어 당신이 이들에게 접근하는 것조차 불가능할 수도 있다. 이들은 외부와의 연결이 매우 단순한 '배타집단'이기 때문이다.

당신이 속한 연결망이 사슬이나 고리 모양이라면, 양쪽에 이웃한 두 사람과만 연결되고 망 전체의 연결성은 빈약할 것이다. 그러나 당신이 속한 고리 모양의 연결망에 무작위로 연결 몇 개가 추가되면, 당신은 고리의 한 위치에서 매우 신속하게 임의의 다른 위치에 도달할 수 있을 것이다.

최근에 우리는 원거리 연결 몇 개가 망 전체의 연결성에 얼마나 극적인 영향을 미치는지 이해하기 시작했다. 수많은 인근 지점들과 연결된 허브hub들에 원거리 연결 몇 개만 추가하여 연결하면 매우 효율적인 망을 만들 수 있다.

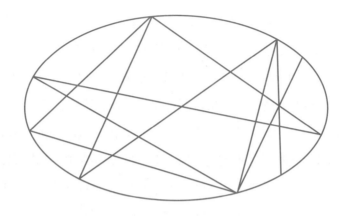

이 사실은 모든 이동전화 사용자들이 연결될 수 있으려면 기지국의 전파가 미치는 구역이 얼마나 커야 하는지, 또는 어떻게 소수의 감염자가 전염병을 확산시킬 수 있는지 탐구할 때 중요하다. 항공사들은 허브들과 노선들을 적절히 배치하여 비행시간을 최소화하거나 환승 한 번으로 연결할 수 있는 도시들을 최대화하거나 비용을 최소화하려고 노력한다. 그러려면 이 '좁은 세상' 연결망들이 지닌 뜻밖의 속성들을 이해할 필요가 있다.

연결성에 대한 연구는 다양한 의미의 '세상'이 있음을 보여준다. 항공 노선들, 전화선들, 이메일 경로들은 우리를 예기치 못한 방식으로 묶는 상호연결망을 창출한다. 모든 것은 다른 모든 것과 생각보다 훨씬 더 가깝게 있다.

다리를 설계하는 방정식

거친 강물 위에 놓인 다리처럼

_사이먼 앤 가펑클(미국 가수)

인간이 이룩한 가장 큰 토목사업 중 하나는 건널 수 없는 강과 계곡에 다리를 놓는 것이다. 거대한 다리들은 흔히 현대 세계의 기적으로 손꼽힐 만큼 아름답다. 우아한 금문교, 빅토리아 시대에 브루넬이 설계한 클리프턴 현수교, 브라질에 있는 헤르실리오 루스교는 모양이 서로 비슷하다. 매끄러운 곡선이 돋보이는 그 모양은 과연 무엇일까?

무거운 물체와 사슬이, 또는 그냥 사슬만 공중에 매달리면 두 가지 흥미로운 모양이 나타난다. 흔히 사람들은 그 두 모양을 혼동하곤 한다. 이 맥락에서 가장 오래된 문제는, 양 끝이 똑같은 높이에 고정된 사슬이나 밧줄이 이루는 모양을 기술하는 것이다. 간단한 끈을 이용하여 실험하면 쉽게 그 모양을 볼 수 있다. 그 모양을 안다고 주장한 최초의 인물은 갈릴레오였다. 1638년에 그는 그런 식으로 매달려 중력을 받는 사슬은 포물선 모양(곡선방정식으로 $y^2=Ax$, A는 임의의 양수)을 이룬다고 주장했다. 그러나 수학을 물리학 문제에 적용하는 데 특별한 관심을 기울인 독일 수학자 요아힘 융기우스는 1669년에 갈릴레오가 틀렸음을 증명했다. 1690년에 요한 베르누이는 매달린 사슬의 모양을 기술하는 방정식을 찾는 과제를 공표했고, 결국 그 이듬해에 고트프리트 라이프니츠, 크리스티안 호이겐스, 데이비드 그레고리, 요한 베르누이에 의해 해답이 제시되었다. 호이겐스는 라이프니츠에게 보낸 편지에서 문제의 곡선을 '카테나리아catenaria'라고 명명했다. 이 명칭은 사슬을 뜻하는 라틴어 '카테나catena'에서 유래했다. 그러나 영어화한 명칭 '캐터너리catenary(현수선)'는 미국 대통령 토머스 제퍼슨이 1788년 9월 15일에 토머스 페인에게 쓴 다리 설계에 관한 편지에서 유래한 것으로 보인다. 영어에서 현수선은 '체이네트chainette 곡선' 또는 '퍼니큘러funicular 곡선'으로도 불렸다.

현수선의 모양은 사슬의 장력이 사슬 자체의 무게를 지탱하며, 따라서 임의의 지점에 걸린 무게는 그 지점과 사슬의 최저점 사이에 놓인 부분의 총 길이에 비례한다는 사실을 반영한다. 현수선의 방정식은 $y=B\cosh(x/B)$이다. 이때 B는 사슬의 장력을 사슬의 단위길이당 무게로 나눈 값이다. (이 방정식에서 사슬은 단위길이당 무게가 일정하고 완벽하게 유연하며 굵기가 0이라고 전제된다. 함수 $\cosh(x)$('하이퍼볼릭 코사인 엑스'라고 읽음—옮긴이)는 지수함수를 통해서 $\cosh(x)=(e^x+e^{-x})$로 정의된다.) 매달린 사슬의 양 끝을 더 벌리거나 좁히면 사슬의 모양은 달라질 것이다. 그러나 달라진 모양 역시 (B 값만 달라질 뿐) 위의 방정식에 의해 기술된다. 현수선의 방정식은, 매달려

드리운 사슬의 무게중심이 가장 낮아져야 한다는 사실을 실마리로 삼아 도출할 수도 있다.

미주리 주 세인트루이스에 가면 또 하나의 대단한 인공 현수선을 볼 수 있다. 그곳의 게이트웨이 아치Gateway Arch는 거꾸로 놓인 현수선 모양인데, 그것은 자기 무게를 스스로 지탱하는 아치의 모양으로 가장 적합하다. 그 모양은 층밀리기 변형력shear stress을 최소화한다. 왜냐하면 어느 지점에서든 변형력의 방향이 아치가 지면을 향해 기울어진 방향과 일치하기 때문이다. 게이트웨이 아치의

미주리 주 세인트루이스의 게이트웨이 아치

모양을 기술하는 정확한 공식은 그 구조물 내부에 적혀 있다. 건축가들은 흔히 건물의 강도와 안전성을 최적화하기 위해서 현수선 아치를 자주 사용한다. 유명한 실례로 안토니 가우디가 설계한 바르셀로나 성가족교회의 하늘 높이 치솟은 아치들을 들 수 있다.

1819년에 존 내시가 포대砲隊 박물관으로 설계한 원형건물에는 아름다운 현수선의 또 다른 실례가 있다. 이 건물은 런던 울위치 커먼 군사기지의 가장자리에 있는데 특이하게도 지붕이 텐트처럼 생겼다. 군인들의 텐트를 흉내 낸 그 지붕의 곡선은 현수선의 절반과 같다.

그러나 클리프턴 현수교와 금문교의 케이블은 매달린 사슬과 모양이 많이 다르다. 현수교의 케이블은 자체 무게만 지탱하는 것이 아니라

클리프턴 현수교

그보다 엄청나게 더 큰 다리 상판의 무게까지 지탱하기 때문이다. 만일 상판이 수평이고 밀도와 단면적이 일정하다면, 현수교 케이블의 모양을 기술하는 방정식은 $y=x^2/2B$가 된다(현수선 방정식에서와 마찬가지로 B는 장력을 단위길이당 무게로 나눈 값이다).

브리스톨에 있는 클리프턴 현수교는 가장 대단한 현수교에 속한다. 이 다리는 1829년에 아이삼바드 킹덤 브루넬이 설계했지만 그가 죽은 지 3년 후인 1865년에야 완공되었다. 이 다리에도 있는 아름다운 포물선은 아르키메데스 이래로 모든 위대한 공학자들의 이상형이다.

012

카드를 모으려면 얼마나 사야 할까?

왜 요새 아이들은 이런저런 것들을 수집하지 않을까요?
옛날에는 우표를 정성껏 모아서 앨범에 꽂아두곤 했는데…
_BBC 라디오4의 프로그램, 〈여성의 시간*Woman's Hour*〉에서

지난 주말에 책꽂이 뒤편에서 내가 어릴 때 모은 카드 두 벌을 발견했다. 각각의 뭉치에 50장이 있었고, 카드 앞면에는 고전적인 자동차들의 천연색 그림, 뒷면에는 설계와 기술적인 특징에 대한 꽤 꼼꼼한 설명이 있었다.

한때 카드 모으기가 유행해서 군용 항공기 카드, 동물 카드, 꽃 카드, 선박 카드, 스포츠 선수 카드 등이 있었다. 그것들을 모으려면 풍선껌, 아침식사용 시리얼, 홍차 등을 사야 했다. 오늘날 파니니 '스티커'의 선호도와 다를 바 없이 당시에도 인기 있는 스포츠 카드의 종목은 축구(미국에서는 야구)였고, 나는 모든 선수들의 카드가 똑같은 매수로 생산된다는 업체의 주장을 늘 의심했다. 어찌된 영문인지 다들 한 벌을 채우

기 위해서 마지막으로 '바비 찰턴' 카드를 구하려고 애썼다. 나머지 카드는 친구들끼리 남는 것과 모자란 것을 교환하여 구할 수 있었지만, 정작 필요한 '바비 찰턴' 카드는 아무에게도 없었다.

훗날 나는 내 아이들도 비슷한 것 모으기에 열중하는 모습을 보며 미소를 지었다. 모으는 품목은 달라졌어도 기본적인 생각은 그대로였다. 그런데 카드 모으기와 수학이 무슨 상관이란 말인가? 다음과 같은 흥미로운 질문을 던져보자. 한 벌을 완성하려면 평균적으로 얼마나 많은 시리얼을 사야 할까? 이때 모든 카드는 생산 매수가 같으므로 다음번 시리얼 봉지 속에서 나올 확률이 동일하다고 전제하자. 또 카드 한 벌은 50장이라고 하자. 내가 구한 첫 카드는 당연히 나한테 없는 카드이다. 그러나 두 번째로 구한 카드는 어떨까? 그 카드가 나한테 없는 카드일 확률은 49/50이다. 또 다음번에 구한 카드가 없는 카드일 확률은 48/50이다.

내가 서로 다른 카드 40장을 이미 모았다면, 다음번에 구한 카드가 없는 카드일 확률은 10/50이다. 따라서 평균적으로 당신은 50/10, 즉 5장의 카드를 더 구해야 필요한 새 카드를 얻을 것이다. 그러므로 카드 50장을 다 모으기 위해서 사야 할 시리얼의 개수는 평균적으로 다음의 합과 같을 것이다.

$$\frac{50}{50} + \frac{50}{49} + \frac{50}{48} + \cdots + \frac{50}{3} + \frac{50}{2} + \frac{50}{1}$$

첫 항은 첫 번째 카드를 얻기 위해서는 시리얼 한 개만 사면 된다는 것을 뜻하고, 다음 항들 각각은 카드 한 벌을 채우기 위해 필요한 두 번째, 세 번째 카드 등을 얻기 위해서 평균적으로 얼마나 많은 시리얼을 사야 하는지를 뜻한다. 카드는 종류가 다양하고 한 벌의 개수도 다양하므로, 임의의 카드 한 벌을 모으기 위해서 카드의 개수를 N으로 놓자. 그러면 똑같은 논리에 따라서, 한 벌을 모으기 위해 구해야 할 카드의 개수는 평균적으로 다음과 같다.

$$\left(\tfrac{N}{N}\right)+\left(\tfrac{N}{N}-1\right)+\left(\tfrac{N}{N}-2\right)+ \cdots +\tfrac{N}{2}+\tfrac{N}{1}$$

모든 항에 공통으로 있는 N을 앞으로 빼내고 식을 다시 써보자.

$$N\left(1+\tfrac{1}{2}+\tfrac{1}{3}+ \cdots +\tfrac{1}{N}\right)$$

괄호 속의 합은 유명한 '조화급수'이다. N이 커지면, 조화급수의 값은 $0.58+\ln(N)$으로 수렴한다($\ln(N)$은 N의 자연로그). 그런데 이 경우에 N은 적잖이 큰 수이므로, 카드 한 벌을 완성하기 위해 구해야 할 카드의 평균적인 개수를 대략 알 수 있다.

구해야 할 카드의 개수 $\approx N\times[0.58+\ln(N)]$

50장짜리 자동차 카드의 경우에 위 계산의 결과는 224.5이다. 따라서 그 한 벌을 채우려면 평균 225장을 구해야 하리라고 예상했어야 한다. 여담이지만, 우리의 계산은 한 벌의 반을 채우기보다 나머지 반을 마저 채우기가 얼마나 더 어려운지 보여준다. N/2장을 모으기 위해 구해야 할 카드의 개수는 다음과 같다.

$$\left(\frac{N}{N}\right)+\left(\frac{N}{N}-1\right)+\left(\frac{N}{N}-2\right)+\cdots+\frac{N}{\left(\frac{1}{2N}+1\right)}$$

이 값은 N까지의 조화급수에서 N/2까지의 조화급수를 빼고 N을 곱한 값과 같으므로, 다음의 식이 성립한다.

반 벌을 채우기 위해 구해야 할 카드의 개수 $\approx N\times[\ln(N)+0.58-\ln\left(\frac{N}{2}\right)-0.58]=N\ln(2)=0.7N$

다시 말해 50장짜리 한 벌의 반을 채우려면 평균적으로 35장만 구하면 된다.

시리얼에 카드를 끼워 넣은 업체들이 이 계산을 해보았을지 궁금하지만, 마땅히 해보았어야 한다. 왜냐하면 이 계산은 특정 장수의 카드 한 벌을 판촉물로 끼워 넣을 때 장기적으로 기대할 수 있는 최대 이익을 알려주기 때문이다. 물론 수집가들은 새 상품을 사는 대신에 서로 카드를 바꾸어 새 카드를 얻을 수도 있으므로, 계산을 통해서 알 수 있는 것은 가능한 최대 이익일 것이다.

당신과 친구들이 카드를 서로 바꾸면서 수집하면 어떤 효과가 생길까?

나와 친구 F명이 서로 카드를 바꿔가면서 수집한다고 해보자. 그러니까 우리는 N장짜리 카드 F+1벌을 공동으로 수집하는 것이다. 우리는 평균적으로 얼마나 많은 카드를 구해야 할까? N이 큰 수라면, 평균적으로 대략 다음의 계산 값만큼 구해야 한다.

$$N \times [\ln(N) + F \ln(\ln N) + 0.58]$$

반면에 우리가 카드 바꾸기를 하지 않고 각자 모아서 총 F+1벌을 채우려면, 평균적으로 약 $(F+1)N[\ln(N)+0.58]$장을 구해야 한다. N=50일 경우, 카드 바꾸기를 하면 우리는 156F개의 상품을 덜 사도 된다. 요컨대 F=1이라고 해도, 비용이 대폭 절감된다.

통계학을 조금 아는 독자라면, 구해야 할 카드 장수의 평균값 $N \times [0.58+\ln(N)]$뿐만 아니라 가능한 편차도 알아야 실질적인 예측이 가능하다는 사실을 알 것이다. 정규분포를 고려하여 계산해보면, 카드 한 벌을 채우기 위해 구해야 할 카드 장수는 66%의 확률로 평균값에서 1.3N 이하로 벗어난다. 50장짜리 카드의 경우에 이 최대 편차는 65장이다.

몇 해 전에 로또를 좋아하는 소비자들이 구성한 연합체가 복권을 얼마나 많이 사면 충분히 당첨을 기대할 수 있는지 계산하고 실행에 옮겼다고 한다. 그들은 평균값만 생각하고 가능한 편차는 생각하지 않았지만, 운이 억세게 좋아서 그들이 사들인 수백만 장의 복권 중에서 당첨 복권이 나왔다고 한다.

만일 카드 각각이 나올 확률이 동일하지 않다면 문제는 더 어려워지지만 그래도 풀 수는 있다. 예컨대 모든 발행 연도의 동전을 모으려 할 경우, 동전을 구할 확률은 발행 연도에 따라 다를 것이다. 매년 발행한 동전의 개수가 다를 테고 나중에 거둬들인 개수도 다를 것이므로, 이를테면 1840년 발행한 1페니와 1890년 발행한 1페니를 구할 확률이 같다는 보장이 없다. 아무튼 당신이 1933년 발행한 영국 1페니 동전(7개가 발행되었고 6개의 소재는 파악되었다)을 발견하거든, 나에게 꼭 연락 주길 바란다.

편리한 수
표기법

013

무슨 일을 할 때 생각하면서 하는 버릇을 들여야 한다는 말은
근본적으로 틀린 잔소리이다. 정반대가 옳다.
우리가 생각 없이 할 수 있는 중요한 작업들이 늘어날 때, 문명은 진보한다.

_알프레드 노스 화이트(영국 수학자, 철학자)

어둡고 축축하고 외딴 감옥에 희망을 잃은 죄수가 갇혀 있다. 날과 달
과 해가 천천히 지나간다. 아직 훨씬 더 많은 날과 달과 해가 지나가야
한다. 영화에서 흔히 보는 장면이다. 그런데 이 장면 속에 흥미로운 수
학이 들어 있다. 죄수는 날짜가 바뀌는 것을 벽에 금을 그어 표기한다.
유럽과 아프리카에서 발굴되었으며 3만 년도 더 된 몇몇 인공물에는 수
를 센 흔적이 남아 있다. 금을 그어서 날과 달을 표시하고 옆에 달의 모
양을 그려놓은 것이다.

유럽에서 전형적으로 쓰이는 단순한 수 표기법은 손가락으로 수를
세는 행동에서 유래했다. 그 표기법에서는 수직선 네 개(||||)를 그은
다음에 사선을 추가하여 5를 뜻하는 표시(卌)를 완성한다. 수직선들과

사선을 조합한 이 표기법은 로마 숫자(I, II, III 등)와 중국의 숫자(一, 二, 三 등)로 이어졌다. 이 숫자들은 손가락으로 수를 세는 방법과 밀접한 관련이 있으며 5와 10을 기본으로 삼는다. 고대인들은 뼈에 금을 긋거나 나무에 홈을 파서 숫자를 기록했다. 처음 몇 개의 숫자는 단순한 홈들로 표기했고, 5는 십자 홈의 절반인 V, 10은 완전한 십자 홈인 X로 표기했다. 여기에서 로마숫자 V와 X가 나왔다. 4는 3에 1을 더한다는 뜻에서 IIII로 표기하거나 5에서 1을 뺀다는 뜻에서 IV로 표기했다.

영국에서 수를 표기하는 일은 1826년까지도 중요한 공무였다. 재무 공무원은 국고에 들어오고 나가는 큰 금액을 커다란 목재 부절을 이용하여 기록했다. 이 기록 방식 때문에 영어 '스코어score'가 여러 뜻을 지니게 되었다. '스코어'는 '표시하기'와 '수 세기'를 뜻할 뿐 아니라 '20'도 뜻한다. 과거에 영국에서 수를 기록하는 데 썼던 막대(부절)를 뜻하는 단어인 '탤리tally'는 재단사를 뜻하는 '테일러tailor'와 마찬가지로 자르기를 뜻하는 단어에서 유래했다. 누군가가 국고에서 돈을 빌리면, 공무원은 해당 금액이 표시된 부절을 쪼개서 반쪽을 채무자에게 주었다. 나중에 빚이 청산되면, 쪼개진 두 조각을 다시 합쳤다.

부절의 표시를 세는 일은 특히 큰 수가 관련될 때 매우 고되다. 공무원은 개별 표시들을 머릿속으로 세어야 했고, 그렇게 해서 얻은 수들도 합산해야 했다. 남아프리카에서는 또 다른 인상적인 수 표기법이 종종 쓰인다. 그 표기법은 정사각형에 대각선 두 개를 조합한 ⊠를 점차 그려가는 방법이다. 영국에서는 이와 비슷한 사각 표기법을 크리켓 경기에서 점수를 기록할 때 쓴다. 그것은 점과 'w'를 비롯한 기호 여섯 개를 두 개씩 세 줄로 배열하는 방법이다.

남아메리카 표기법을 좀 더 개량하면 10을 기본으로 삼아서 수를 표기할 때 아주 편리한 방법을 개발할 수 있을 것 같다. 구체적으로 다음과 같은 방법인데, 우선 1부터 4까지는 정사각형의 꼭짓점들을 찍어서 표기한다. 그다음 5부터 8까지는 정사각형의 변들을 그어서 표기한다. 마지막 9와 10은 대각선들을 그어서 표기한다. 그러니까 10은 점 4개와 선 6개로 완성된 정사각형으로 표기된다. 이 방법을 쓰면 10이 완성된 것을 한눈에 알아볼 수 있을 것이다.

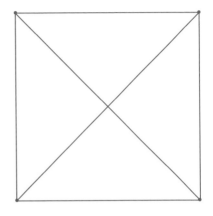

관계: 문명화된 이야기꾼은 자기 가족을 태운
배를 이야기할 때에만 이 단어를 쓴다.

_클리블랜드 에이모리(미국 작가)

대부분의 잡지에서 인간관계를 다룬 기사나 편지를 쉽게 찾아볼 수 있
다. 왜 그럴까? 관계는 복잡하고 때로는 흥미로우며 흔히 예측할 수 없
는 것처럼 보이기 때문이다. 수학은 바로 이런 상황에서 쓰라고 있는
학문이다.

　가장 단순한 관계들은 이른바 '추이성transitivity'을 지닌다. 추이성 덕
분에 삶은 단순해진다. 'X는 Y보다 키가 크다'는 추이적 관계이다. 다
시 말해서 만일 앨리가 밥보다 키가 크고 밥이 칼라보다 키가 크다면,
앨리는 칼라보다 키가 크다. 이 관계는 키의 속성을 나타낸다. 그러나
모든 관계가 추이적인 것은 아니다. 앨리가 밥을 좋아하고 밥이 칼라를
좋아한다 하더라도, 앨리는 칼라를 좋아하지 않을 수 있다. 이런 '비추

	1위	2위	3위
앨리	아우디	베엠베	릴라이언트 로빈
밥	베엠베	릴라이언트 로빈	아우디
칼라	릴라이언트 로빈	아우디	베엠베

이적' 관계들은 모두가 동의하지 않을 때 당신이 무엇을 해야 하는지와 관련해서 매우 이례적인 상황을 빚어낼 수 있다.

앨리와 밥과 칼라가 공동으로 중고차를 사기로 결정하고서 세 가지 선택지인 아우디, 베엠베, 릴라이언트 로빈을 놓고 저울질한다고 해보자. 이들은 어떤 차종을 살지 합의하지 못하여 민주적인 결정을 내리기로 했다. 다시 말해 투표를 하기로 한 것이다. 그리하여 세 사람 각각은 쪽지에 세 차종을 선호도 순서로 적었다.

얼핏 보면 투표 결과가 순조롭게 나온 것 같다. 두 사람이 베엠베보다 아우디를 선호했고, 두 사람이 릴라이언트 로빈보다 베엠베를 선호했다. 그런데 기묘하게도 두 사람이 아우디보다 릴라이언트 로빈을 선호했다. '선호하다'는 '존경하다'와 마찬가지로 비추이적 관계이기 때문에 조심스럽게 다루지 않으면 기묘한 역설이 일어날 수 있다. 여러 구직자 중에서 합격자를 선정할 때, 스포츠팀의 주장을 뽑을 때, 또는 어떤 자동차를 살지 결정할 때와 같은 소규모 투표에서 역설이 발생할 수 있다는 점을 명심해야 한다.

뒤죽박죽된 투표 결과를 확인한 앨리와 밥과 칼라는 자동차 구매를 포기하고 그 자금으로 주택을 빌리기로 했다. 그러나 이 가련한 친구들은 곧 더 많은 결정을 내려야 했다. 거실에 새로 도배를 할 것인가? 정원을 단장할 것인가? 새 텔레비전을 살 것인가? 합의가 이루어지지 않자 그들은 세 가지 사안 각각에 대해서 '예'와 '아니요'로 대답하는 투표를 하기로 했다. 투표 결과는 다음과 같았다.

	도배를 할 것인가?	정원을 단장할 것인가?	텔레비전을 살 것인가?
앨리	예	예	아니요
밥	아니요	예	예
칼라	예	아니요	예
다수의견	예	예	예

명쾌한 결론이 나온 듯했다. 세 사안 모두에 대해서 다수 의견으로 '예'가 나왔으므로, 세 가지 일을 다 해야 한다는 결론이었다. 그런데 세 친구가 다시 잘 따져보니 돈이 부족해서 두 사람을 더 끌어들여야 집세를 낼 수 있다는 것을 깨달았다. 몇 차례 전화를 걸어 알아보니 델과 트레이시가 긍정적인 의사를 밝히고 곧바로 이사를 왔다. 이제 다섯 친구는 도배와 정원과 텔레비전에 관한 투표를 공정하게 다시 하기로 결정했다. 앨리와 밥과 칼라는 각자의 원래 선택을 유지한 반면, 델과 트레이시는 세 사안 모두에 대해서 '아니요'를 선택했다. 그리하여 매우 기묘한 상황이 벌어졌다.

다음의 표는 델과 트레이시가 투표에 가담하기 전과 가담한 후의 결과를 비교한 것이다. 보다시피 델과 트레이시의 투표가 각 사안에 대한 다수의견을 뒤바꿨다. 도배, 정원 단장, 텔레비전 구입에 대한 현재의 다수의견은 '아니요'이다. 더욱 놀라운 것은 앨리, 밥, 칼라가 세 사안

	도배를 할 것인가?	정원을 단장할 것인가?	텔레비전을 살 것인가?
앨리	예	예	아니요
밥	아니요	예	예
칼라	예	아니요	예
과거 다수의견	예	예	예
델	아니요	아니요	아니요
트레이시	아니요	아니요	아니요
현재 다수의견	아니요	아니요	아니요

중 두 가지를 양보해야 한다는 점이다. 구체적으로 앨리는 도배와 정원 문제에서 양보해야 하고, 밥은 정원과 텔레비전, 칼라는 도배와 텔레비전 문제에서 양보해야 한다. 요컨대 다수(다섯 명 중 세 명)가 다수의 사안 (세 가지 중 두 가지)에서 자기 뜻을 관철하지 못하는 상황인 것이다!

경마에서 확실히 따는 법

"합법화된 도박에 범죄자들이 끼어들지 못하도록 끊임없이 경계해야 한다.
이 경우에 범죄자들은 영리하고 교묘하고 고도로 조직화되었으며
정보가 풍부할 뿐만 아니라 엄청난 자금으로 법, 회계, 경영, 서비스,
연예 분야의 최고 인력들을 고용할 수 있다."
서비스와 연예 분야에 대한 언급은 그리 신뢰가 가지 않지만,
이 말은 그때나 지금이나 타당하다.

_팔클랜드 자작, 「로스차일드 도박 위원회 보고서」를 인용하면서

얼마 전에 텔레비전에서 범죄 드라마를 보았다. 승률이 높은 경주마에
게 약을 먹여 승부를 조작하는 내용이었다. 살인을 비롯한 다른 이야기
도 있었는데, 구체적인 마권 사기 방법은 끝내 설명되지 않았다. 과연
어떤 방법이었을까?

말들의 승률이 공개된 경주가 있다고 해보자. N마리가 경주를 하고,
말 각각의 승률은 a_1, a_2, a_3 ⋯ $a_N < 1$이다. 우리가 모든 말에게 각각의 승
률에 비례하게 돈을 건다면(배당률은 승률의 역수), 오직 합 Q가 다음 부등
식을 만족시킬 때만 돈을 딸 것이다.

$$Q = a_1, \ a_2, \ a_3 \ \cdots \ a_N < 1$$

실제로 Q가 1보다 작다면, 우리가 따는 돈은 다음과 같을 것이다.

$$이익 = (\frac{1}{Q} - 1) \times 베팅\ 총액$$

예를 들어 보자. 말 네 마리가 경주하고, 각각의 승률이 $\frac{1}{7}, \frac{2}{9}, \frac{1}{3}, \frac{1}{9}$ 이라면, Q는 다음과 같다.

$$Q = \frac{1}{7} + \frac{2}{9} + \frac{1}{3} + \frac{1}{9} = \frac{51}{63} < 1$$

따라서 우리가 말1에게 $\frac{1}{7}$, 말2에게 $\frac{2}{9}$, 말3에게 $\frac{1}{3}$, 말4에게 $\frac{1}{9}$의 비율로 베팅한다면, 우리는 베팅 총액의 $\frac{12}{51}$를 딸 것이다.

반면에 말 네 마리의 승률이 $\frac{1}{4}, \frac{1}{8}, \frac{2}{5}, \frac{1}{2}$이라면, Q는 다음과 같다.

$$Q = \frac{1}{4} + \frac{2}{8} + \frac{2}{5} + \frac{1}{2} = \frac{51}{40} > 1$$

이 경우에는 승률에 비례하게 모든 말에게 돈을 걸어서 딸 수가 없다. 쉽게 알 수 있듯이 일반적으로 경주마가 많을수록(N이 클수록) Q가 1보다 클 가능성이 높다. 그러나 늘 그런 것은 아니다. 만일 말들의 승률 a_i가 $1/(i+1)^2$이라면, N이 무한대라 하더라도 Q는 약 0.64가 되어, 베팅 금액의 50%가 넘는 짭짤한 이익을 챙길 수 있다.

맨 처음에 언급한 텔레비전 드라마로 다시 돌아가 보자. 방금 제시한 예에서 승률이 가장 높은(1/2인) 말이 약을 먹었기 때문에 경주에서 이길 가능성이 없다는 사실을 우리가 안다고 가정해보자. 그러면 우리는 그

말을 제쳐두고 나머지 세 마리에만 돈을 걸 테고, Q는 다음과 같을 것
이다.

$$Q = \frac{1}{4} + \frac{1}{8} + \frac{2}{5} = \frac{31}{40} < 1$$

다시 말해 우리는 베팅 총액의 $\frac{1}{4}$을 말1에, $\frac{1}{8}$을 말2에, $\frac{2}{5}$를 말3에
건다. 결과적으로 우리는 베팅 총액의 $\frac{40}{31} - 1 = \frac{9}{31}$배만큼의 이익을 챙길
것이다. (범죄자들은 돈세탁을 위해서 Q>1인 경우에도 모든 경주마에게 돈을 건다는
말을 들은 적이 있다. 그렇게 하면 당연히 손실이 생기지만, 손실액을 예측할 수 있으므로
세탁요금을 지불하는 셈치고 그렇게 하는 것이다.)

일에는 두 종류가 있다.
첫째, 지구 표면 근처에 있는 어떤 물질의 위치를
다른 물질의 위치에 대해서 상대적으로 옮기는 일.
둘째, 다른 사람들에게 그렇게 옮기라고 말하는 일.
첫 번째 일은 힘들고 보수가 적은 반면, 두 번째 일은 쾌적하고 보수가 높다.
_버트런드 러셀(영국 철학자)

당신이 어떤 스포츠를 잘하려고 훈련하는 중이라면, 당신은 최적화 작업을 하는 것이다. 다시 말해 당신은 어떤 동작을 방해하는 요소를 최소화하고 더 잘하게 만드는 요소를 최대화하기 위해 노력하는 것이다. 스포츠 과학은 약간의 수학을 응용하여 얻은 통찰에 의지해서 최적화 작업을 한다. 지면에서 최대한 높이 오르기 위해 애쓰는 종목으로 높이뛰기와 장대높이뛰기가 있다. 높이뛰기는 생각보다 단순하지 않다. 선수는 먼저 자신의 힘과 에너지를 써서 중력을 극복하면서 몸을 공중으로 띄워야 한다. 높이뛰기 선수를 속력 U로 위를 향해 수직으로 발사되었으며 질량이 M인 물체로 생각한다면, 선수가 도달할 수 있는 높이 H는 공식 $U^2=2gH$로 주어진다(g는 중력가속도). 도약하는 순간에 선수의 운동에너지는 $1/2MU^2$인데, 이 에너지 전체는 선수가 최대 높이에 도달한 순간에 위치에너지 MgH로 변환된다. 이 두 에너지가 같으므로, $U^2=2gH$이다.

그런데 H에는 까다로운 문제가 숨어 있다. H는 정확히 무엇일까? H는 선수가 넘은 가로대의 높이가 아니라 선수의 무게중심이 상승한 높이다. 그런데 이 H가 매우 미묘해서 높이뛰기 선수는 몸의 무게중심이 가로대보다 낮을 때에도 가로대를 넘을 수 있다.

물체가 알파벳 'L'처럼 굽었다면, 물체의 무게중심은 물체 외부에 놓일 수 있다. (정육면체의 무게중심은 정육면체 내부의 기하학적 중앙에 위치하지만, L자 모양이나 U자 모양의 물체는 무게중심이 대개 물체의 경계 외부에 위치한다.) 이 가능성 덕분에 높이뛰기 선수는 몸의 무게중심의 위치와 도약 궤적을 조절할 수 있다. 높이뛰기 선수의 목표는 몸의 무게중심이 가로대보다 최대한 낮게 지나면서 가로대를 넘는 것이다. 그렇게 하면 폭발적인 도약 에너지를 기록 향상에 최적으로 이용할 수 있다.

학교에서 가장 먼저 배우는 높이뛰기 방법은 대개 '가위뛰기'인데, 이 방법은 최적의 기술이 전혀 아니다. 이 기술로 가로대를 넘으려면 몸의 무게중심도 가로대를 넘어야 한다. 실제로 가위뛰기로 가로대를 넘는 선수의 무게중심은 가로대보다 약 30cm 위에 놓이므로, 이 기술은 매우 비효율적이다.

최고의 선수들이 쓰는 높이뛰기 기술은 훨씬 더 정교하다. 구식 '엎드려 뛰기' 기술은 선수의 가슴이 항상 가로대를 향하도록 자세를 취하여 가로대를 넘는 방법이다. 세계 수준의 선수들은 과거에 엎드려 뛰기를 즐겨 구사했다. 그러나 1968년에 미국의 딕 포스베리는 전혀 새로운

'배면뛰기' 기술을 선 보여 모두를 놀라게 했다. 이 기술은 뒤로 누워서 가로대를 넘 는 방법이다. 포스베 리에게 1968년 멕시 코시티 올림픽 금메 달을 안겨준 배면뛰

기 기술은 착지 구역에 에어매트를 놓아야만 안전하며 엎드려 뛰기보 다 배우기가 훨씬 쉽다. 오늘날 정상급 선수들은 모두 배면뛰기를 구사 한다.

이 기술을 쓰면, 몸을 휘어서 가로대를 넘으면서도 몸의 무게중심을 가로대보다 훨씬 낮게 유지할 수 있다. 선수의 몸이 유연할수록, 무게 중심을 더 낮출 수 있다. 2004년 올림픽 남자 높이뛰기 금메달리스트인 스웨덴의 스테판 홀름은 키가 비교적 작지만(1.81m) 몸을 휘는 능력이 탁월하다. 그의 몸은 최고 높이에 도달할 때 완전히 U자 모양이 된다. 그가 237cm 높이의 가로대를 넘을 때, 그의 무게중심은 그보다 훨씬 낮 은 높이로 지나간다.

높이뛰기 선수의 도움닫기는 도약 에너지를 늘리는 데 큰 도움이 되 지 않는다. 왜냐하면 도움닫기의 거리가 짧고 도약할 때 등이 가로대를 향하도록 몸을 돌려야 하기 때문이다. 반면에 장대높이뛰기에서는 도 움닫기를 충분히 이용할 수 있다. 장대높이뛰기 선수들은 긴 장대를 들 고 있긴 하지만 직선 주로로 충분히 달릴 수 있어서, 최고의 선수들은

도약 순간에 거의 초속 10m에 도달할 수 있다. 탄력이 좋은 유리섬유로 된 장대 덕분에 장대높이뛰기 선수는 수평 운동에너지 $1/2MU^2$을 높이뛰기 선수보다 훨씬 효과적으로 수직운동으로 변환할 수 있다. 장대높이뛰기 선수는 수직으로 솟아올라 갖가지 인상적인 동작으로 몸을 뒤집힌 U자로 구부리면서 몸의 무게중심을 최대한 낮춘 상태로 가로대를 넘는다. 장대높이뛰기 선수의 최고 기록을 대충 계산해보자. 선수가 도움닫기로 얻은 수평 운동에너지 $1/2MU^2$ 전부를 우선 장대의 탄성에너지로 변환하고 이어서 수직 위치에너지 MgH로 변환한다고 가정하자. 그러면 선수는 몸의 무게중심을 $H=U^2/2g$만큼 상승시킬 것이다.

선수가 도움닫기로 초속 9m에 도달할 수 있다면, 중력가속도가 대략 $10m/s^2$이므로, 선수의 무게중심은 약 H=4m 상승할 것이다. 만일 처음에 선수의 무게중심이 지면에서 1.5m 높이에 있었고 최고 높이에서 가로대보다 0.5m 아래에 위치한다면, 선수의 기록은 약 1.5+4+0.5=6m일 것이다. 실제로 미국 챔피언 팀 맥은 5.95m의 기록으로 아테네 올림픽에서 금메달을 땄다. 금메달이 확정된 후에 그는 6m를 세 번 시도하여 아깝게 실패했다. 보다시피 우리의 계산은 아주 간단하지만 놀랍도록 정확하다.

017

주변은 미래가 나타나는 곳이다.
_J. G. 발라드(영국 소설가)

경계는 안과 밖을 가를 뿐 아니라 안과 밖이 얼마나 교류할 수 있는지를 결정하기 때문에 중요하다. 경계는 국소적인 대상이 외부 세계에 얼마나 노출되는가를 결정한다.

길이가 P인 끈으로 닫힌 고리를 만들어 평평한 테이블 위에 놓아 보자. 그 고리는 얼마나 큰 면적을 둘러쌀 수 있을까? 고리의 모양을 바꿔가면서 실험해보면, 고리가 길고 좁아질수록 둘러싸인 면적은 더 작아진다는 것을 알 수 있을 것이다. 최대 면적은 고리가 완벽한 원일 때 나온다. 잘 알고 있겠지만, 이 경우에 원의 반지름이 r이라면, 원의 둘레는 $P=2\pi r$이고 면적은 $A=\pi r^2$이다. 그러므로 이 두 식에서 r을 소거하면, 둘레가 p인 임의의 닫힌 고리로 둘러싸인 면적 A는 $P^2 \geq 4\pi A$를 만족시킨다는 것을 알 수 있다. 오로지 고리가 원일 때만 P^2이 $4\pi A$와 같고, 나머지 모든 경우에는 P^2이 $4\pi A$보다 크다. 뒤집어 말하면, 고리의 면적이 일정하더라도 둘레는 얼마든지 길어질 수 있다. 고리에 점점 더 많은 굴곡을 집어넣어 꼬불꼬불하게 만들면 그렇게 만들 수 있다.

면적을 둘러싼 고리가 아니라 부피를 둘러싼 곡면에 대해서도 비슷한 질문을 던질 수 있다. 면적이 정해진 곡면으로 최대 부피를 둘러싸려면, 곡면의 모양이 어떠해야 할까? 곡면이 구면일 때 최대 부피를 둘러쌀 수 있다. 이 경우에 구면의 부피는 $V=4\pi r^3/3$, 면적은 $A=4\pi r^2$이다. 따라서 면적이 A인 임의의 닫힌곡면으로 둘러쌀 수 있는 부피 V는 $A^3 \geqq 36\pi V^2$을 만족시킨다. 등호는 곡면이 구면일 때만 성립한다. 앞에서와 마찬가지로, 곡면에 굴곡을 많이 만들면 정해진 부피를 둘러싼 곡면의 면적을 얼마든지 늘릴 수 있다. 살아 있는 계系들은 바로 이 방법을 성공 전략으로 채택했다.

표면적의 크기는 여러 상황에서 중요하다. 체온을 낮게 유지하려면 몸의 표면적이 클수록 유리하다. 거꾸로 체온을 높게 유지하려면 표면적을 줄이는 것이 최선이다. 이 때문에 갓 태어난 새들과 동물들은 여러 마리가 밀착하여 공 모양을 이룸으로써 외부에 노출된 표면적을 최소화한다. 소 떼와 물고기 떼도 원형이나 구형의 집단을 이뤄 포식자의 공격을 받을 수 있는 표면적을 최소화한다. 만일 당신이 공기에서 수분과 양분을 얻는 나무라면, 당신과 대기가 접촉하는 표면적을 최대화하는 것이 유리하다. 다시 말해 수많은 가지를 뻗고 가지마다 빽빽하게 잎을 달아서 표면적을 늘리는 것이 좋다. 만일 당신이 폐로 산소를 최대한 많이 흡수하려는 동물이라면, 폐 속의 관 조직을 최대로 늘려 폐와 산소가 접촉하는 표면적을 최대화하는 것이 가장 효과적이다. 또 당신이 샤워 후에 물을 닦아내려 할 때에도, 가장 좋은 수건은 표면적이 큰 수건이다. 그래서 수건은 대개 표면에 우툴두툴 돌기들이 돋아 있다. 그런 우툴두툴한 표면은 매끄러운 표면보다 단위 부피당 면적이 크다.

이처럼 일정한 부피를 둘러싼 표면을 최대화하려는 노력은 세계 곳곳에서 나타난다. 그 노력은 생명이 진화를 통해 터득한 해법으로 '프랙털'이 자주 등장하는 이유이기도 하다. 프랙털은 일정한 부피를 둘러싼 표면적을 최대화하는 가장 단순한 방법의 산물이다.

한 집단으로 뭉치는 것이 유리할까, 아니면 둘 이상의 집단으로 갈라지는 것이 유리할까? 이것은 제2차 세계대전 중에 적군의 잠수함에게 발각되지 않으려 애쓰던 해군 선단들이 직면했던 문제이다.

작은 집단들로 갈라지는 것보다 하나의 큰 집단을 이루는 것이 유리하다. 대규모 선단의 전체 면적이 A이고 배들은 서로 최대한 밀착한다고 가정하자. 만일 우리가 이 선단을 면적이 A/2인 소규모 선단 두 개로 나누면, 배들 사이의 간격은 원래와 똑같다. 이 경우에 단일한 선단의 둘레는 $P=2\pi\sqrt{A/\pi}$인 반면, 작은 두 선단 둘레의 합은 $p \times \sqrt{2}$가 되어 원래 선단의 둘레보다 더 커진다. 구축함들은 그 둘레를 순찰하면서 적 잠수함의 침입을 막아야 한다. 따라서 큰 선단 하나보다 작은 선단 둘을 보호하기가 더 어려울 것이 뻔하다. 또한 잠수함이 공격할 선단을 탐색할 때, 선단을 발견할 확률은 선단의 지름에 비례한다. 왜냐하면 잠망경에 포착되는 것은 선단의 지름이기 때문이다. 면적이 A인 원래 선단의 지름은 $2\sqrt{(A/\pi)}$에 불과한 반면, 면적이 A/2이며 잠망경으로 볼 때 서로 겹치지 않는 두 선단의 지름의 합은 원래 선단 지름보다 $\sqrt{2}$배 크다. 따라서 대규모 선단을 둘로 나누면 적 잠수함에게 발각될 확률이 41% 높아진다.

018

까마득한 미래의 부가가치세

> 이 세상에 확실한 것은 죽음과 세금밖에 없다.
>
> _벤저민 프랭클린(미국 정치가)

당신이 영국인이라면, 많은 구매 행위에 이른바 '부가가치세VAT'가 덧붙음을 알 것이다. 유럽 대륙에서는 부가가치세를 흔히 약자 'IVA'로 표기한다. 영국에서 부가가치세는 일부 상품과 서비스 가격의 17.5% 비율로 징수되며 정부의 가장 큰 세수원이다. 만일 부가가치세율 17.5%가 암산하기 좋으라고 책정된 것이라면, 다음번 부가가치세율은 얼마로 인상될 것 같은가? 또 무한한 미래에 부가가치세율은 얼마가 될 것 같은가?

현재의 부가가치세율은 얼핏 복잡하게 책정된 것처럼 보인다. 왜 하필 17.5%일까? 그러나 당신이 자영업자라서 분기별로 부가가치세를 신고해야 한다면, 당신은 17.5%라는 기묘한 수가 아주 편리하다는 것을 금세 알아챌 것이다. 이 부가가치세율은 아주 간단한 암산, 즉 17.5%=10%+5%+2.5%를 허용한다. 그렇다면 당신은 상품 가격의 10%가 얼마인지 단박에 알고(소수점을 왼쪽으로 한 칸만 옮기면 되니까), 10%의 절반을 암산하고, 다시 그 절반의 절반을 암산할 수 있다.

이제 이 세 개의 수를 합하면, 상품 가격의 17.5%가 얼마인지가 나온다. 예컨대 80파운드짜리 상품에 붙는 부가가치세는 £8+£4+£2=£14이다.

만일 정부가 이 편리한 '절반 암산' 구조를 유지하면서 부가가치세율을 인상한다면, 다음번 인상분은 2.5%의 절반인 1.25% 포인트가 되어 새로운 부가가치세율은 18.75%로 책정될 것이다. 그러면 80파운드짜리 상품에 붙는 부가가치세는 £8+£4+£2+£1=£15가 될 것이다.

이 새로운 세율은 10%+5%+2.5%+1.25%로 풀어 쓸 수 있다. 수학자가 이 합을 보면, 항들이 매번 절반으로 줄어드는 무한급수를 떠올리게 마련이다. 현재의 부가가치세율은 간단히 다음과 같다.

$$10\% \times (1 + \frac{1}{2} + \frac{1}{4})$$

이 급수를 한없이 연장하면, 무한한 미래에 부가가치세율을 다음과 같이 예측할 수 있다.

$$10\% \times (1 + \frac{1}{2} + \frac{1}{4} + \frac{1}{8} + \frac{1}{16} + \frac{1}{32} + \cdots) = 10\% \times 2$$

92장에서 자세히 다루겠지만, 괄호 속의 첫 항 1을 제외한 나머지 항들의 합은 1이므로, 괄호 속 무한급수의 합은 2다. 결론적으로 무한한 미래에 부가가치세율은 20%가 될 것으로 예측된다.

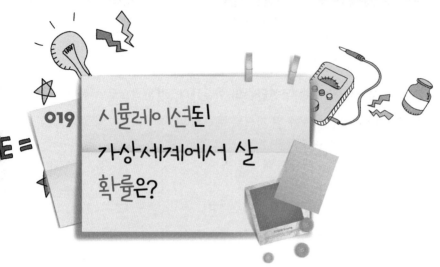

019

시뮬레이션된 가상세계에서 살 확률은?

아무것도 실재가 아니야.

_비틀스(가수), 〈영원히 딸기밭Strawberry Fields Forever〉에서

우주론은 과학소설이 되어가는 중일까? 빅뱅의 잔향인 우주배경복사를 위성에서 관찰하여 얻은 새로운 결과들은 대부분의 물리학자들이 선호하는 우주 진화 모형을 뒷받침해 주었다. 이것은 좋은 소식이 아닐 수도 있다.

선호되는 모형에는 '우연의 일치'가 많이 들어 있다. 그 우연의 일치들 덕분에 우주는 복잡성과 생명을 탄생시킨다. 만일 우리가 모든 가능한 우주들로 이루어진 '다중우주'를 고려한다면, 우주는 여러모로 특별해질 것이다. 심지어 현대 양자물리학은 어떻게 그 가능한 우주들이 다중우주를 구성하는지까지 설명한다. 다중우주에는 모든 가능성들이 실제로 존재한다.

모든 가능한 우주들이 존재할 수 있다(또는 존재한다)는 주장을 진지하게 받아들이면, 또 하나의 기괴한 결론을 받아들여야 한다. 무한히 많은 우주들 속에는 우리보다 훨씬 더 발전해서 우주를 시뮬레이션할 수 있는 기술문명들이 존재할 것이다. 그 문명들은 우리처럼 겨우 날씨나 은하 형성을 시뮬레이션하는 수준을 넘어서 별과 행성계의 형성을 시뮬레이션할 수 있을 것이다. 그런 다음에 천문학적 시뮬레이션에 생화학 규칙들을 추가하여 컴퓨터 속에서 일어나는 생명과 의식의 진화를 (진화 속도를 적당히 조절하여) 지켜볼 수 있을 것이다. 우리가 초파리의 일생을 지켜보는 것과 마찬가지로, 그 문명들은 생명의 진화를 추적하고 문명들의 성장과 교류를 지켜보고 심지어 문명들이 위대한 천상의 프로그래머를 둘러싸고 논쟁하는 것까지 지켜볼 수 있을 것이다. 우주를 창조하고 마음대로 자연법칙을 깨면서 개입할 수 있는 프로그래머가 존재하는가를 놓고 벌이는 논쟁까지 말이다.

　또한 가능한 우주들 속에서 자기의식을 지닌 존재들이 발생하여 서로 소통할 수 있다. 일단 자기의식과 소통의 능력이 획득되면, 모조 우주가 마구 생겨나 곧 실제 우주보다 훨씬 많아질 것이다. 시뮬레이터들은 인공 세계들을 지배하는 법칙들을 결정하고 그들이 좋아하는 생명 형태들이 진화하도록 미세하게 조정할 수 있을 것이다. 그러므로 결론은, 우리가 보는 실재가 진짜 실재가 아니라 시뮬레이션된 실재일 가능성이 통계적으로 더 높다는 것이다. 왜냐하면 시뮬레이션된 실재가 진짜 실재보다 훨씬 많기 때문이다.

　최근에 물리학자 폴 데이비스는 우리가 시뮬레이션된 실재 속에서 살 확률이 높다는 결론은 모든 가능성들로 이루어진 다중우주 개념이

부조리하다는 증거라고 주장했다. 그러나 이 결론을 받아들이고서 우리 우주가 시뮬레이션인지 아닌지 알아낼 길이 있을까? 충분히 자세하게 관찰한다면 알아낼 수 있을 것 같다.

우선 시뮬레이터들은 간단한 땜질만으로도 '실재'의 효과를 얻을 수 있다면 일관된 자연법칙들을 이용하는 번거로움을 피하려 할 것이다. 디즈니 만화영화 제작자는 호수에서 반사되는 햇살을 표현할 때 양자전기역학과 광학의 법칙들을 써서 빛의 산란을 계산하지 않는다. 그러려면 엄청나게 복잡하고 많은 계산이 필요할 것이다. 제작자는 빛 산란 시뮬레이션 대신에 훨씬 더 간단하지만 실감나는 결과를 산출하는 그럴듯한 어림 규칙들을 쓴다. 만일 순전히 오락을 위해서 시뮬레이션을 만든다면, 경제적이고 실용적인 이유에서 그렇게 할 수밖에 없을 것이다. 그런데 이렇게 복잡성을 제한하다 보면 시뮬레이션이라는 사실이 들통나기 쉬울 것이며, 어쩌면 시뮬레이션 내부에서도 그 사실을 알아챌 수 있을 것이다.

설령 시뮬레이터들이 자연법칙을 꼼꼼하게 모방한다 하더라도 능력에 한계가 있을 것이다. 시뮬레이터들 또는 최소한 이른 세대의 시뮬레이터들은 자연법칙에 대한 지식이 불완전할 가능성이 높다(일부 과학철학자들은 자연법칙에 대한 지식은 늘 불완전할 수밖에 없다고 주장한다). 그들은 우주를 시뮬레이션하는 데 필요한 물리학과 프로그래밍에 대해서 많은 것을 알겠지만, 자연법칙에 대한 지식에 있어서는 여전히 결함이나 오류가 있을 것이다. 물론 그 결함과 오류는 우리 눈에 거의 띄지 않을 만큼 미묘할 것이다. 시뮬레이터들의 문명은 우리 문명보다 훨씬 '발전'했으니까 말이다. 결함과 오류가 있더라도 시뮬레이션을 만들어 오랫동안 매끄럽게 작동시킬 수 있다. 그러나 작은 오류들이 점차 누적되기 시작할 것이다.

결국 오류들이 충분히 누적되면, 시뮬레이션은 작동을 멈출 것이다. 이런 사태를 막으려면, 시뮬레이터들이 개입하여 문제들을 하나씩 땜질하는 수밖에 없다. 개인용 컴퓨터 사용자들은 이에 대한 해결방식을 잘 안다. 그들은 새로운 바이러스의 공격을 막거나 제작자가 예견하지 못한 결함을 메우기 위해서 정기적으로 땜질하듯이 업데이트 파일을 내려 받아 설치할 것이다. 시뮬레이터들도 새로 발견한 문제들에 대응하여 자연법칙들을 개량함으로써 일시적인 해결책을 내놓을 수 있을 것이다.

그러나 이런 상황에서는 논리적 모순이 불가피하게 발생하고, 시뮬레이션 속의 법칙들은 가끔 무력해지는 것처럼 보일 것이다. 그리하여 시뮬레이션 속의 거주자들(특히 시뮬레이션된 과학자들)은 관찰 결과를 앞에 두고 어리둥절해질 것이다. 예컨대 시뮬레이션된 천문학자들은 이른바 자연상수들이 아주 느리게 변하는 것을 관찰하게 될 것이다. 시뮬레이터들은 다른 모든 복잡한 시뮬레이션에서 효과가 입증된 기술을 쓸 가능성이 매우 높기 때문이다. 그 기술은 오류 수정 프로그램을 이용하여 사태 전개를 원 궤도로 복귀시키는 것이다.

우리의 유전 암호를 예로 들어보자. 만일 유전 암호가 스스로 작동하도록 방치하면, 우리는 오래 살 수 없을 것이다. 오류가 누적되어 신속하게 돌연변이가 일어나고 죽게 될 것이기 때문이다. 이 같은 사태 전개는 오류 수정 메커니즘에 의해 방지된다. 이 메커니즘은 유전 암호의 복제와 관련한 오류를 찾아내고 수정한다. 우리가 사용하는 복잡한 컴퓨터에도 오류의 누적을 막는 일종의 면역 시스템이 내장되어 있다.

만일 시뮬레이터들이 오류 수정 프로그램을 써서 시뮬레이션 전체의 문제를 교정한다면, 시뮬레이션을 지배하는 법칙들은 가끔씩 바뀔 것이다. 그리하여 시뮬레이션된 과학자들이 평소에 관찰하고 예측하는 자연법칙들과 상충하는 듯한 신비로운 변화가 발생할 것이다.

그러므로 이런 결론을 내리는 것이 옳을 것 같다. 만일 우리가 시뮬레이션된 실재 속에서 산다면, 가끔 우리는 실재의 '결함'이나 재현할 수 없는 실험 결과, 또는 심지어 우리로서는 설명할 수 없는 자연법칙의 아주 느린 변화를 보게 될 것이다.

모비우스의
띠의
창발성

정치인은 내일, 다음 주, 다음 달, 내년에 일어날 일을 예측할 수 있어야 한다.
또 왜 그런 일이 일어났는지 나중에 설명할 수 있어야 한다.

_윈스턴 처칠(전 영국 총리)

'창발emergence'은 복잡한 대상을 연구하는 과학자들이 쓰는 전문용어의 하나이다. 어떤 복잡한 상황을 한 단계씩 점진적으로 구성해가다 보면, 때때로 일종의 복잡성 문턱이 나타난다. 그 문턱에 도달하면, 구성요소들에는 없었던 새 구조와 행동이 갑자기 생겨나는 것처럼 보인다. 인터넷, 주식시장, 인간의 의식 등은 그런 복잡한 상황을 반영한다. 이 현상들은 부분들의 합 그 이상인 집단행동을 나타낸다. 액체의 집단속성 중 하나인 점성(액체가 흐름에 저항하는 정도를 의미함)은 많은 분자들이 집단을 이룰 때 창발한다. 점성은 실제로 있지만, 컵에 담긴 수소 원자와 산소 원자 각각에서는 점성을 전혀 발견할 수 없다.

　창발은 그 자체로 복잡하고 때로는 격한 논쟁을 일으키는 문제이다.

철학자와 과학자들은 창발의 유형을 구분하고 정의하려 하지만, 다른 한편으로 소수의 사람들은 창발이 실제로 존재하는지에 대한 논쟁을 벌인다. 문제는 의식이나 '생명'과 같은 가장 흥미로운 과학적 실례들이 아직 규명되지 않았다는 점이다. 따라서 불행하게도 창발에 대한 논의는 불확실성을 동반할 수밖에 없다. 하지만 수학의 도움을 받을 수는 있다. 수학에서는 흥미롭고 잘 정의된 창발 구조들이 많이 등장한다. 그 구조들은 새로운 창발의 예들을 산출하는 방법까지 시사한다.

{1, 2, 3, 6, 7, 9}처럼 양수들로 이루어진 유한집합을 생각해보자. 유한집합은 아무리 크더라도 원소의 개수가 무한대가 될 때 '창발'하는 속성을 지니지 않는다. 게오르크 칸토르가 19세기에 최초로 명확하게 보여주었듯이, 수들로 이루어진 무한집합은 유한 부분집합들을 지니지 않는다. 무한대는 단지 큰 수에 불과한 게 아니다. 무한대에 1을 더하면 원래와 똑같이 무한대이다. 때로는 무한대에서 무한대를 빼도 무한대이다. 이처럼 전체(무한)는 부분들(유한)보다 클 뿐만 아니라 어떤 부분의 속성과도 질적으로 다른 '창발' 속성들을 지닌다.

위상수학에서도 창발의 예들을 많이 발견할 수 있다. 위상수학에서는 대상의 전체 구조와 국소적인 구조가 전혀 다를 수 있다. 잘 알려진 예로 뫼비우스의 띠를 생각해보자. 길쭉한 직사각형 모양의 종이를 한번 꼬아서 양끝을 붙이면 뫼비우스의 띠를 만들 수 있다. 다른 한편, 작은 정사각형들을 이어 붙여서 뫼비우스의 띠를 만들 수도 있다. 그런데 그렇게 점진적으로 만들 경우, 뫼비우스의 띠는 일종의 창발 구조라고 할 수 있다. 생각해보라. 이어붙인 정사각형들은 모두 앞면과 뒷면이 있다. 그러나 양 끝을 꼬아서 붙인 뫼비우스의 띠는 면이 하나밖에 없

다. 이 예에서도 전체는 부분들이 지니지 않은 속성을 지닌다.

021

자동차를 효과적으로 미는 법

자동차들이 미친 듯이 질주하는 현재의 교통상황에서는
오직 두 종류의 보행자만 존재한다.
날쌘 보행자와 죽은 보행자.
_뒤어 경(스코틀랜드 정치인)

옛날에 이런 농담이 있었다. "라다 자동차(러시아산 자동차─옮긴이)는 왜 뒷유리창에 히터가 있을까?" 대답은 이러했다. "자동차를 밀 때 손이 시리지 말라고." 아무튼 자동차 밀기는 흥미로운 문제이다. 당신이 자동차를 밀어 차고로 집어넣고 뒷벽에 부딪치기 전에 멈춰야 한다고 가정해보자. 어떻게 밀고 당기는 것이 최선일까?

정답은 다음과 같다. 자동차가 이동해야 할 거리의 절반까지는 최대 힘으로 밀어서 가속시키고, 나머지 절반은 최대 힘으로 당겨서 감속시켜야 한다. (사람의 위치는 여전히 자동차의 뒤에 있다.) 이 과정은 자동차가 멈춘 상태에서 시작하여 멈춘 상태에서 끝날 것이며, 가능한 한 최소 시간이 걸릴 것이다. (당신이 산출할 수 있는 최대 가속도가 밀 때 +A, 당길 때 −A라고 가정하고 당신이 위치 x=0에서 x=2D까지 차를 밀고 당긴다고 가정하자. 당신의 작업은 자동차의 속력 0에서 시작하여 0에서 끝난다. 당신이 x=0에서 x=D까지 가속도 +A를 일으키면, 자동차는 시간 $\sqrt{2D/A}$가 지나 x=D에 도달할 것이며 그때 속력은 $\sqrt{2DA}$일 것이다. 그때 곧바로 당신이 가속도 −A를 일으키면, 자동차는 시간 $\sqrt{2D/A}$ 동안 감속하여 x=2D에서 속력 0에 도달할 것이다. 상황이 대칭적이므로 쉽게 짐작할 수 있겠지만, 감속 시간은 가속 시간과 같다. 그러므로 자동차를 차고에 넣는 데 걸리는 총 시간은 $2\sqrt{2D/A}$ 이다.)

이런 유형의 문제를 다루는 수학 분야를 '제어이론'이라고 한다. 이 이론은 당신이 힘을 가하여 어떤 운동을 조절하거나 이끌려고 할 때 필요하다. 방금 나온 주차 문제의 답은 이른바 '뱅뱅 제어bang-bang control'의 한 예이다. 당신의 반응은 밀기와 당기기, 두 가지뿐이다. 가정용 온도 조절기도 대개 이와 유사한 방식으로 작동한다. 온도가 너무 높아지면 냉방기가 켜지고, 온도가 너무 낮아지면 난방기가 켜진다. 따라서 장기적인 온도 변화는 당신이 설정한 두 한계 온도 사이에서 지그재그로 일어난다. 뱅뱅 제어가 모든 상황에서 최선인 것은 아니다. 예를 들어 도로에서 운전대를 이용하여 자동차를 제어하는 상황을 생각해보자. 뱅뱅 제어를 하도록 프로그램된 로봇 운전사는 자동차가 왼쪽 차선을 밟을 때까지 방치했다가 오른쪽으로 방향을 틀고, 다시 오른쪽 차선을 밟을 때까지 방치했다가 왼쪽으로 방향을 틀어서 지그재그로 차를 몰 것이다. 당신이 그런 식으로 운전한다면, 곧 교통경찰이 당신의 차를 세우고 플라스틱 관을 내밀면서 힘껏 불라고 지시할 것이다. 더 나은 운전법은 자동차가 차로의 중앙 위치를 벗어난 정도에 비례하게 수정을 가하는 것이다. 그네가 이런 식으로 제어되는데, 그네를 약간 밀면 느리게 돌아오고, 많이 밀면 빠르게 돌아온다.

제어이론은 중장거리 달리기에 대한 연구에도 흥미롭게 적용되었다. 짐작하건대 이 연구는 사람의 달리기뿐 아니라 말의 달리기에도 똑같이 적용될 것이다. 달리기 선수의 근육이 쓸 수 있는 산소의 양이 한정되어 있고 호흡을 통한 산소 보충에 한계가 있다면, 주어진 거리를 최소 시간에 달리기 위한 최선의 방법은 무엇일까? 제어이론이 제시하는 뺑뺑 유형의 해법은 다음과 같다. 약 300m보다 더 먼 거리를 달릴 때는, 처음에 짧은 구간에서 최대로 가속한 다음 일정한 속도를 유지하다가 마지막에 처음과 똑같이 짧은 구간에서 감속하라. 물론 이 답은 당신의 개인 성적을 최고로 만드는 방법을 제시하므로, 여러 주자들이 달리는 경주에서 우승하는 최선의 방법은 아닐 수도 있다. 만일 당신이 마지막에 빠르게 질주하는 능력이 뛰어나거나 심한 페이스 변화에 잘 견딘다면, 다른 전략을 채택하여 경쟁자들을 따돌릴 수도 있을 것이다. 대담한 선수는 다른 주자들이 저만치 앞서가더라도 최적의 해결책을 고수할 것이다. 그런 선수의 바로 뒤에 붙어서 바람의 저항을 덜 받고 달리다가 마지막에 치고나가는 전략은 매우 훌륭한 대안이다.

022

이기적 행동에서
비롯된
열적 불안정성

긍정적인 것을 강조하라. 부정적인 것을 제거하라.
긍정을 고수하라. 어정쩡한 자들과 놀지 마라.
_조니 머서(작곡가), 해럴드 알런(작곡가),
〈긍정적인 것을 강조하라_Ac-cent-tchu-ate the Positive〉

예전에 리버풀에 있는 어느 신축 호텔에 머물다가 이상한 경험을 했다. 예상 밖의 눈이 내릴 때였는데, 그 호텔은 리버풀의 상업이 전성기를 누리던 19세기라면 '부티크'로 쓸 만한 건물이었다. 나는 새벽부터 맨체스터에서 폭설을 뚫고 완행열차로 이동하여 피곤한 상태였다. 이동 중에 차장이 방송하기를, 간밤에 누군가가 다음 구간의 신호등 케이블을 훔쳐 갔기 때문에 상당히 오래 정체할 수밖에 없다고 했다. 구리 값의 지속적인 상승을 반영하는 사건으로, 결국 열차는 휴대전화 통신에 의지해서 문제의 구간을 천천히 통과하고 안전하게 라임스트리트 역에 도착했다.

내 호텔 방은 추웠고, 창밖 눈 덮인 거리의 온도는 너끈히 영하를 기록했다. 바닥 난방으로 덥히는 방이었는데, 난방기의 반응이 워낙 느려서 온도조절기가 제대로 작동하는지 판단하기 어려웠다. 호텔 직원은 곧 따뜻해질 거라고 다짐했지만 점점 더 추워지는 것 같았고, 결국 임시로 온풍기를 동원했다. 리셉션 직원은 난방기가 새것이므로 너무 세게 틀면 안 된다고 일러주었다.

한참이 지나 오후에 기술자가 내 방에 들러 아무래도 새로 설치한 난방을 너무 세게 튼 모양이라고 걱정하다가 복도 난방은 아주 잘 작동하는 것을 알아채고 나와 마찬가지로 어리둥절해했다. 복도는 방문을 열어 두어도 될 정도로 따뜻했다. 다행히 모든 방의 난방을 제어하는 기판이 내 방문 건너편 벽에 있어서, 우리는 그 기판을 함께 들여다보았다. 이어서 기술자가 오늘 내내 비어 있던 옆방을 살펴보았다. 그 방은 아주 따뜻했다.

불현듯 기술자는 문제의 원인을 파악했다. 옆방 난방기가 내 방 온도조절기에 연결되어 있었고 내 방 난방기가 옆방 온도조절기에 연결되어 있었다. 그 결과 기술자들이 말하는 '열적 불안정성thermal instability'이 실현되었던 것이다. 옆방 손님들은 방이 너무 덥다고 느껴 온도조절기를 내렸다. 그러자 내 방은 더 추워졌고, 나는 온도조절기를 올렸다. 그러자 옆방은 더 더워져 손님들은 온도조절기를 더 내렸고, 나는 더 추워져서 온도조절기를 더 올렸다. 그러다가 다행스럽게도 옆방 손님들이 온도조절을 포기하고 외출했던 것이다.

이런 유형의 불안정성은 분리된 두 행위자의 이기적인 행동에서 비롯된다. 이와 똑같은 유형의 문제 때문에 훨씬 심각한 환경문제들이 발생할 수 있다. 만일 당신이 시원하게 살려고 수많은 선풍기와 에어컨을 가동한다면, 대기의 이산화탄소 힘량이 증가할 것이다. 그러면 태양열이 지구 주변에 더 많이 머물 것이고, 당신은 더 많은 냉방 장치를 가동해야 할 것이다. 그런데 내가 겪은 난방 문제와 달리, 이 문제는 간단한 배선 수정으로 해결할 수 없다.

023 술 취한
사람의
걸음걸이

집에 가는 길을 가르쳐줘
나 피곤해 눕고 싶어
조금 마셨지만, 한 시간쯤 전에 마셨어
그러고 나서 곧장 앞으로 걸었거든.
_어빙 킹(영국 작곡 팀)

세계 어디서나 경찰이 음주 여부를 검사하기 위해 쓰는 방법 중 하나는
똑바로 걸을 수 있는지 보는 것이다. 멀쩡한 사람에게 똑바로 걷는 것
은 아주 쉬운 과제이다. 더 나아가 자기 보폭을 아는 사람은 자기가 몇
걸음 걸으면 얼마나 멀리 가는지 정확히 알 수 있다. 만일 당신의 보폭
이 1m라면, 당신이 S걸음 걸으면 Sm 이동할 것이다. 그런데 이런저런
이유로 당신이 똑바로 걸을 수 없다고 해보자. 심지어 자기가 무엇을
하는지조차 전혀 모른다고 가정하자. 당신은 매번 발을 내딛기에 앞서
서 무작위하게 방향을 선택하고 그 방향으로 1m 이동한다. 이런 식으
로 계속 걸으면, 당신이 걸어온 경로는 전혀 예측할 수 없는 방식으로
꼬이고 엉킬 것이다.

이런 술 취한 걸음걸이와 관련해 던질 수 있는 흥미로운 질문이 있다. 술 취한 사람이 S걸음 걸었을 때, 그는 출발점에서 직선거리로 얼마나 멀리 있을까? 멀쩡한 사람이 직선거리로 Sm 이동하려면 보폭 1m짜리 걸음을 S번 걸어야 하지만, 술 취한 사람은 대개 S^2번 걸어야 한다는 것을 우리는 안다. (무작위 걷기는 확산방정식에 따른 확산과정이다. 시간 t에서 확산량 y 와 1차원 거리 x 사이에 다음 등식이 성립한다. $\partial y/\partial t = K \partial^2 y/\partial x^2$ (K는 매질[파동을 전달하는 물질] 속에서 확산이 얼마나 쉽게 일어나는지를 나타내는 상수) 위 등식의 차원들을 검토해보면, y/t가 y/x^2에 비례한다는 것을 알 수 있다. 따라서 t는 x^2에 비례한다. 다른 한편 t는 걸음 수에 비례한다. 결론적으로 술 취한 사람이 $x=S$만큼 이동하려면 S^2걸음이 필요하다.) 그러니까 멀쩡한 사람이 100m 이동하려면 100걸음이면 되지만, 술 취한 사람은 대개 1만 걸음을 걸어야 100m 이동할 수 있다.

이 수학 지식은 시시하게 술 취한 사람에게만 적용되지 않는다. 매 단계마다 무작위한 방향으로 일어나는 운동은 뜨거운 기체 분자들이 한 지점에서 주변으로 확산하는 현상에 대응하는 훌륭한 모형이다. 확산하는 분자들은 주변의 다른 분자들과 무작위하게 충돌하면서 술 취해 휘청거리는 사람과 똑같은 방식으로 퍼져나간다. 따라서 확산하는 분자가 한 번 충돌한 후에 또다시 충돌할 때까지 이동하는 거리의 N배만큼 이동하려면, 약 N^2번의 충돌이 필요하다. 이 때문에 창가에 놓인 방열기를 켜면 어느 정도 시간이 지나야 난방 효과가 느껴진다. 방열기를 켜면 온수파이프 속의 에어로크가 소음을 내고, 공기 분자들이 데워져 확산하기 시작한다. 소음은 음속으로 곧장 이동하여 우리에게 도달하지만, 뜨거운 공기 분자들은 술 취한 사람처럼 이리저리 돌아다니다가 뒤늦게 우리에게 도달한다.

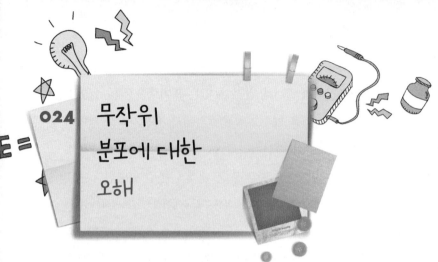

024

무작위 분포에 대한 오해

블랙아더: 우리가 지난번에 써먹었고 그전에도 열일곱 번 써먹은 계획이야.
멜체트: 암 그렇고 말고. 바로 그래서 탁월한 계획이지.
경계심 많은 독일놈들이 완전히 속아 넘어갈 거야. 놈들은 우리가 벌써
열여덟 번 한 일을 또 하리라고는 꿈에도 생각하지 못할 테니까!

_리처드 커티스(영화 〈러브 액츄얼리〉 감독), 벤 엘턴(드라마 〈미스터 빈〉 작가)

통계학과 관련한 일반인들의 오해 중에서 가장 흥미로운 것은 무작위 분포random distribution에 대한 오해이다. 사건들로 이루어진 특정한 사건 열sequence of events이 무작위한 것인지 여부를 판단하는 문제를 생각해보자. 만일 어떤 사건 열에서 패턴이나 예측 가능한 특징이 발견된다면, 우리는 그 사건 열이 무작위하지 않다는 판단을 내릴 수 있을 것이다. 동전을 던져서 나온 결과, 즉 '앞면(H)'과 '뒷면(T)'으로 이루어진 열 몇 개를 꾸며내되, 아무도 그 열들과 실제로 동전을 던져서 얻은 열들을 구별할 수 없게 꾸며내 보자. 다음은 동전 던지기 32회의 결과를 꾸며내서 만든 열들이다.

THHTHTHTHTHTHTHTHTHTTTHTHTHTHTHTHTIHII
THHTHTHTHTHHTHTHHHTHHTHTTHHHTHTTT
HTHHTHTTTHTHTHTHTHHTHTTTHHTHTHTHTT

실제로 동전을 던진 결과처럼 보이는가? 당신이라면 이것들이 진짜
동전 던지기에서 나온 무작위한 사건 열이라고 판단하겠는가, 아니면
서투르게 꾸며낸 사건 열이라고 판단하겠는가? 비교하면서 판단하기
좋게 사건 세 개의 열을 더 제시하겠다.

THHHHTTTTHTTHHHHTHTHHTTHTTHTHHH
HTTTTHHHTHTHHHHTTTHTTTTHHTTTTH
TTHTTHHTHTTTTTHTTHHTTHTTTTTTTHH

이 세 열이 진짜 무작위 열이냐는 질문을 던지면 대부분의 사람은 거
의 다 아니라고 대답할 것이다. 반면에 앞의 세 열은 사람들이 생각하
는 무작위 열에 훨씬 더 가깝게 보일 것이다. 그 열들에는 T와 H의 교
대가 훨씬 더 많고, 나중의 세 열에서처럼 T나 H가 오래 반복되는 일이
없다. 만일 당신이 컴퓨터 키보드를 두드려 H와 T로 이루어진 '무작위'
열을 만든다면, 당신은 T와 H를 자주 교대시키고 한 문자가 길게 이어
지는 것을 피할 가능성이 높다. 안 그러면 왠지 고의로 패턴을 집어넣
는 듯한 '느낌'이 들기 때문이다.
그런데 놀랍게도 진짜 무작위 과정의 결과는 나중의 세 열이다. 긴
반복이 없고 스타카토 패턴을 보이는 처음 세 열은 꾸며낸 것들이다.

보통 무작위 열에는 T나 H가 길게 이어지는 구간이 있을 수 없다고 생각하지만, 그런 긴 반복 구간의 존재는 진짜 무작위 열이 지닌 핵심적인 특징 중 하나이다.

동전 던지기 과정은 과거를 기억하지 못한다. 공정한 동전을 던져서 앞면이나 뒷면이 나올 확률은 $\frac{1}{2}$로 과거의 던지기 결과와 아무 상관없이 매번 $\frac{1}{2}$이다. 다시 말해 모든 동전 던지기 각각은 독립된 사건이다. 그러므로 앞면 r개나 뒷면 r개가 이어질 확률은 간단히 $\frac{1}{2}$을 r번 곱한 값, 즉 $\frac{1}{2^r}$이다. 그런데 우리가 동전을 N번 던지기 때문에 앞면이나 뒷면이 반복되는 구간이 시작될 수 있는 지점이 대략 N개 존재한다면, 결과 열에 길이가 r인 반복구간이 있을 확률은 $N \times \frac{1}{2^r}$으로 커진다. 따라서 $N \times \frac{1}{2^r}$이 대략 1이라면, 다시 말해 $N=2^r$이라면, 결과 열에 길이가 r인 반복구간이 있으리라고 예상할 수 있다. (던지기 횟수와 가능한 반복구간 출발점의 개수는 똑같지 않다. 예컨대 동전 던지기를 32회 한다면, 5회 반복구간이 시작될 수 있는 지점은 28개이다. 그러나 동전 던지기 횟수가 많아지면 던지기 횟수와 가능한 반복구간 출발점 개수의 차이가 무의미해지므로, $N=2^r$을 편리한 어림규칙으로 써먹을 수 있다.)

이 결론의 의미는 아주 간단하다. 만일 당신 앞에 약 N번 동전을 던져서 얻은 결과들을 기록한 열이 있다면, 그 열에는 길이가 $r(N=2^r)$인 반복구간이 있을 것이다. (이 결과가 나올 확률이 동일한 사건들이 셋 이상인 경우에도 타당하도록 쉽게 확장할 수 있다. 주사위 던지기에서 각각의 눈이 나올 확률은 $\frac{1}{6}$이므로, 주사위를 약 6^r번 던지면 똑같은 결과가 r회 반복되는 일이 생기리라고 예상할 수 있다. r이 작은 수라 하더라도, 6^r은 매우 큰 수이다.)

위에 나온 6개의 열은 모두 길이가 $N=32=2^5$이다. 그러므로 그것들이 무작위 열이라면, 그 속에 앞면이나 뒷면이 5회 반복되는 구간이 들어 있을 가능성이 높고 4회 반복되는 구간은 거의 확실히 들어 있을 것이다. 그런데 그런 반복구간들이 없다면, 해당 열의 무작위성을 의심해야 마땅하다. 그런 반복구간들이 있다면, 해당 열은 진짜 무작위 열일 가능성이 높다. 여기에서 얻을 수 있는 교훈은, 우리의 직관은 반복에 실제보다 훨씬 많은 질서가 들어 있다고 착각하는 경향이 있다는 것이다.

운동경기 전적을 살펴볼 때에도 이 교훈을 되새길 필요가 있을까? 아스날 대 스퍼스, AC밀란 대 인터밀란, 랭커셔 대 요크셔 전적을 보면 한 팀이 몇 년 동안 내리 이긴 사례들이 자주 눈에 띈다. 그러나 그런 사례들은 대개 무작위성의 효과가 아니다. 왜냐하면 몇 년 동안 동일한 선수들이 팀의 핵심을 이루고, 그들이 물러나면 새로운 팀이 구성되기 때문이다.

025

평균은 웃기는 놈이다

어떤 것이라도 적당한 통계로 증명할 수 있다.
_노엘 모이니한

평균은 웃기는 놈이다. 평균 깊이가 3cm인 호수에 빠져 죽은 통계학자에게 물어보라. 그럼에도 평균은 아주 익숙하고 겉보기에 명확한 것 같아서 우리는 평균을 전적으로 신뢰한다. 하지만 그렇게 전적으로 신뢰해도 될까? 야구 경기를 하는 두 투수, 갑과 을을 상상해보자. 이들이 한국시리즈에서 맞대결을 하고 후원업체는 최고의 투구를 하는 투수에게 거액의 상금을 내걸었다고 하자. 갑과 을은 1차전과 5차전에 등판한다.

1차전에서 갑은 17타자를 맞아 3안타를 내주었다. 따라서 평균 5.67타수에 1안타를 허용한 셈이다. 반면에 을은 팀의 불펜이 취약하기 때문에 훨씬 더 오래 던지면서 40타자를 상대하여 7안타를 내주었다. 평

투수	1차전 타수-피안타	1차전 1피안타 평균타수	5차전 타수-피안타	5차전 1피안타 평균타수	종합 -	종합 -
갑	17-3	5.67	110-7	15.71	127-10	12.7
을	40-7	5.71	48-3	16	88-10	8.8

균 5.71타수에 1안타를 허용한 셈이다. 따라서 1차전에서는 을이 갑보다 더 뛰어난 투구를 했다.

5차전에서는 두 투수 모두 몸 상태가 최고였다. 갑은 110타자를 상대하여 7안타를 내주었다. 평균 15.71타수에 1안타를 허용한 셈이다. 을은 48타자를 상대하여 3안타를 내주었다. 평균 16.0타수에 1안타를 허용한 셈이다. 따라서 5차전에서도 을이 갑보다 더 뛰어난 투구를 했다.

두 투수 중 한 명에게 최고 투수상을 주어야 한다면 누구에게 주어야 할까? 1피안타(투수가 타자에게 안타를 허용하는 것) 평균타수로 볼 때 1차전과 5차전 둘 다에서 을이 갑보다 성적이 좋았다. 그러므로 당연히 을에게 상을 주어야 할 것 같다. 그러나 후원업체는 종합 평균에 주목한다. 두 경기를 통틀어 갑은 127타수에 10안타를 내주었으므로 1피안타 평균타수가 12.7인 반면, 을은 88타수에 10안타를 내주었으므로 1피안타 평균타수가 8.8이다. 그러므로 갑의 성적이 월등하게 더 좋아 상은 갑의 차지가 된다. 을의 성적이 1차전과 5차전 모두 갑보다 좋은데도 말이다.

이와 유사한 예들을 얼마든지 상상할 수 있다. 두 고등학교 갑과 을이 GCSE(영국 중등교육 자격시험—옮긴이) 성적으로 우열을 가리는 상황을 상상해보자. 이 경우에 갑 학교는 모든 각각의 과목에서 을 학교보다 성적이 우수한데도 종합 평균에서는 열등할 수 있다. 갑 학교는 학부모들에게 우리 학교가 모든 각각의 과목에서 을 학교보다 우수하다고 알릴 수 있다. 다른 한편 을 학교는 학부모들에게 우리 학교가 종합 평균에서 갑 학교보다 우수하다고 알릴 수 있다.

이처럼 평균은 정말 웃기는 놈이다. 까딱하면 속기 쉬우니 각별히 조심해야 한다.

026

우주까지 도달하는 종이접기

충분히 이해될 만큼 단순한 우주는 너무 단순해서
그 우주를 이해할 수 있는 정신을 산출할 수 없다.

_배로의 불확정성 원리

자신감이 넘치는 청소년들과 내기를 해서 이기고 싶으면, A4 용지 반
으로 접기를 7번 하는 것을 과제로 제시하면 된다. 아무도 그렇게 할 수
없을 것이다. 2배 증가 과정과 2배 감소 과정은 우리가 상상하는 것보
다 훨씬 빠르게 진행된다.

A4 용지를 반으로 접기를 반복하는 것은 제쳐두고 레이저 광선을 써
서 반으로 자르기를 반복하는 것을 생각해보자. 이 자르기를 30번 반
복하면, 자를 종이의 크기가 수소원자와 비슷한 10^{-8}cm가 된다. 더 나
아가 47번 반복하면 수소원자핵, 즉 양성자의 지름인 10^{-13}cm에 도달하
고, 114번 반복하면 10^{-33}cm라는 의미심장한 크기에 도달한다. 이 크기
는 인간적인 척도로는 이해하기 힘들지만 종이를 반으로 자르기를 114

번 반복하는 것을 상상하기란 그리 어렵지 않다. 10^{-33}cm가 의미심장한 이유는 이 크기에서 물리학에서 말하는 공간과 시간의 개념 자체가 해소되기 시작하기 때문이다. 종이를 반으로 자르기를 114번 반복했을 때 남는 종잇조각에서 어떤 일이 일어날지 알려주는 물리학 이론은 존재하지 않는다. 그 종잇조각의 규모에서는 우리가 아는 공간 대신에 모종의 카오스 양자 '거품더미'가 존재할 가능성이 높다. 그 거품더미에서 중력은 존재할 수 있는 에너지의 형태를 결정하는 데 있어서 새로운 역할을 한다. 10^{-33}cm는 현재의 물리학에서 물리적 실재로서 존재한다고 말할 수 있는 가장 짧은 길이다. (이 길이는 양자이론의 개척자인 막스 플랑크의 이름을 따서 플랑크 길이로 명명되었다. 플랑크 길이는 세 가지 주요 자연상수인 빛의 속도 c, 플랑크 양자상수 h, 중력상수 G를 조합하여 만들 수 있으며 단위가 길이인 유일한 양이다. 더 나아가 플랑크 길이는 정확히 $(Gh/c^5)^{1/2}$과 같으며 우주의 상대론적 성격과 양자적 성격과 중력적 성격이 모두 연루된 유일한 양이다. 이 길이 단위는 인간의 편의를 위해 선택되지 않았기 때문에 일상적인 단위들보다 훨씬 작다.) 이 극도로 짧은 길이는 현재 '만물의 이론'의 후보자로 나선 모든 이론이 도달하려 애쓰는 문턱이다. 끈 이론, M 이론, 교환 불가능non-commutative 기하학, 고리양자중력 이론, 트위스터스twistors 이론 등 모든 후보자들은 114번 반복해서 반으로 자른 종이에서 무슨 일이 일어나는가를 서술하는 새로운 방식을 찾으려 애쓰는 중이다.

A4 용지의 크기를 두 배로 늘리기를 반복하여 A3, A2 등으로 만들면 어떻게 될까? 이 두 배 늘리기를 90번 반복하면, 모든 별과 가시적인 은하들을 지나서 가시적인 우주 전체의 가장자리에 도달하게 된다. 다시 말해 140억 광년 떨어진 곳에 도달하게 된다. 물론 그 가장자리 너머

에도 우주가 있을 테지만, 140억 광년은 우주가 팽창하기 시작한 이후 140억 년 동안 빛이 도달할 수 있는 최대거리이다. 그러므로 140억 광년은 우리의 우주 지평인 셈이다.

큰 규모와 작은 규모를 함께 생각해보면, 종이를 반으로 줄이기와 늘리기를 총 204회만 하면 물리적 실재의 최소 규모와 최대 규모에, 공간의 양자적 기원과 가시적인 우주의 가장자리에 도달할 수 있다는 결론이 나온다.

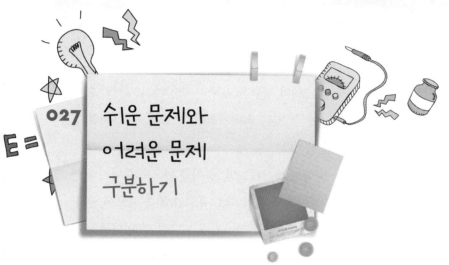

027

쉬운 문제와 어려운 문제 구분하기

어렵기로 유명한 이 문제의 어려운 예를 찾아내는 것은
어려운 문제일 수 있다.

_브라이언 헤이스(미국 과학자)

조각그림 맞추기 퍼즐을 완성하는 데는 오랜 시간이 걸리지만, 그 완성을 검증하는 데는 한 순간이면 충분하다. 당신의 컴퓨터는 큰 소수素數 두 개를 곱하는 작업을 순식간에 해치우지만, 당신이(또는 당신의 컴퓨터가) 큰 수를 두 소수의 곱으로 분해하려면 긴 시간이 걸릴 것이다. 계산 시간이 얼마나 걸리는지를 기준으로 '어려운' 문제와 '쉬운' 문제가 구분된다는 추측은 오래전부터 있어 왔지만, 실제로 구분된다는 증명이나 구분되지 않는다는 반증은 아직 이루어지지 않았다.

우리가 수작업으로 해야 하는 계산이나 정보 수집 활동의 대부분은 다루어야 하는 항목의 개수에 비례해서 계산의 양이 증가한다. 예컨대 납세 신고서를 작성할 때 그러하다. 우리의 소득원이 셋이라면, 우리는 세 배 많은 계산을 해야 한다. 이와 유사하게 컴퓨터가 10배 큰 파일을 내려 받으려면 10배 긴 시간이 걸린다. 또한 보통 책 10권을 읽으려면 1권을 읽을 때보다 10배 긴 시간이 걸린다. 이 비례 규칙은 '쉬운' 문제들의 특징이다. 이때 '쉬운' 문제라는 표현은 통상적인 의미에 부합하지 않을 수도 있겠지만, '쉬운' 문제들은 다루어야 하는 항목의 개수가 늘어나도 문제를 푸는 데 필요한 작업의 양이 빠르게 증가하지 않는다. 컴퓨터는 그런 쉬운 문제를 쉽게 해결할 수 있다.

그런데 안타깝게도 우리는 다루기가 훨씬 더 까다로운 또 다른 유형의 문제를 흔히 접하곤 한다. 이 유형의 문제에서는 다루어야 하는 항목이 하나 늘어날 때마다 전체 계산 시간이 두 배로 증가한다. 따라서 항목이 그리 많이 늘어나지 않았는데도 계산 시간이 터무니없이 길어져서 세상에서 가장 빠른 컴퓨터들조차 문제를 해결할 수 없는 경우가 종종 있다. 이런 문제들이 바로 '어려운' 문제이다. (어려운 문제의 간단한 예로 '원숭이 퍼즐monkey puzzle'이 있다. 원숭이 퍼즐은 예컨대 정사각형 25조각을 맞춰 5×5 크기의 정사각형 하나를 만드는 놀이인데, 각 조각의 네 변 근처에 원숭이 그림의 절반 [상반신이나 하반신]이 그려져 있다. 원숭이의 색은 네 가지이고, 퍼즐을 완성하려면 똑같은 색의 원숭이 상반신과 하반신이 연결되도록 조각들을 맞춰야 한다. 퍼즐을 완성하려면 25조각들을 맞춰서 5×5 크기의 정사각형을 만드는 방법을 몇 가지나 시도해야 할까? 첫 번째 조각은 25곳에 놓을 수 있고, 두 번째 조각은 24곳, 그다음은 23곳 등에 놓을 수 있다. 따라서 25조각을 전부 놓는 방법은 $25 \times 24 \times 23 \times 22 \cdots \times 3 \times 2 \times 1 = 25!$가지 존재한다. 게다가 각각의 조각을 네 방향으로 놓을 수 있으므로 4^{25}만큼의 가능성을 추가로 고려해야 한다. 그러므로 퍼즐을 완성하기 위해서 시도해야 할 배열의 총수는 $25! \times 4^{25}$이다. 이 수는 터무니없이 크다. 십진법으로 적는다면 이 페이지 전체에도 적을 수 없다. 만일 이토록 많은 배열들을 컴퓨터로 1초에 100만 개씩 검토한다면, 정답을 찾을 때까지 최장 5,333조 곱하기 1조 년 넘게 걸릴 것이다. 참고로 우주의 나이는 겨우 137억 년이다.)

놀랍게도 '어려운' 문제는 끔찍하게 복잡하거나 아찔할 정도로 난해할 필요가 없다. 어려운 문제의 핵심적인 특징은 많은 가능성을 다뤄야 한다는 점에 있다. 큰 소수 두 개를 곱하는 것은 '쉬운' 계산 과제이다. 당신은 암산으로, 종이와 연필로, 또는 계산기로 그 과제를 해결할 수 있다. 그러나 당신이 그 곱셈 결과를 누군가에게 내밀고 곱셈에 쓰인 두 소수를 찾아내라고 요구한다면, 그는 세상에서 가장 빠른 컴퓨터로 평생 동안 검색해야만 과제를 해결할 수 있을지도 모른다.

'어려운' 문제를 직접 풀어보고 싶다면, 언뜻 시시해 보이는 다음 문제를 풀어보라.

서로 더하면 389965026819938이 되는 소수 두 개를 찾아내시오.
(정답은 뒷장에!)

이런 '뚜껑문trapdoor' 연산들(뚜껑문을 통과할 때와 마찬가지로, 한 방향의 연산[두 소수의 곱이나 합을 계산하기]이 그 역방향의 연산[한 수를 두 소수의 곱이나 합으로 분해하기]보다 훨씬 쉽다고 해서 붙인 이름)은 유익하게 쓰이기도 한다. 이들은 우리의 삶을 어렵게 만들지만, 우리가 정당하게 비난하는 범죄자들의 삶도 어렵게 만든다. 쉽게 말해서 뚜껑문 연산은 전 세계의 주요 암호에 쓰인다. 당신은 온라인 쇼핑을 하거나 현금자동입출금기에서 현금을 뽑을 때마다 뚜껑문 연산을 이용하는 것이다. 당신의 개인식별번호는 큰 소수들과 연결되어 있어서, 당신의 계좌 정보를 훔치려는 해커나 컴퓨터 범죄자는 아주 큰 수를 두 소수의 곱으로 분해해야 한다. 그런데 그 소인수분해는 원리적으로는 가능하지만 실질적으로는 불가능하다. 왜냐하면 세상에서 가장 빠른 컴퓨터를 지닌 범죄자도 여러 해가 걸려야만 암호를 해독할 수 있을 텐데, 그 정도 세월이 흐르면 암호가 바뀔 것이기 때문이다.

이 때문에 아주 큰 소수들로 이루어진 상품은 매우 비싼 경우가 많고, 특정 형태로 표기된 아주 큰 소수의 상품 몇몇은 대개 특허품이다. 소수들은 무한해서, 얼마든지 큰 소수가 존재한다. 현재까지 인수가 없다는 것이 확인되어 소수로 판명된 가장 큰 수도 존재한다. 모든 소수들을 발생시키는 마법의 공식은 없으며, 수학자들은 그런 공식이 존재하지 않는다고 추측한다. 만일 그런 공식이 발견된다면, 세상은 엄청난 위기에 처할 것이다. 정부요원이 그 공식을 발견한다면 의심의 여지 없이 일급비밀로 분류할 것이다. 학자가 그 공식을 발견하여 경고 없이 공개한다면 세상은 발칵 뒤집힐 것이다. 모든 군사 암호, 외교 암호, 금융 암호가 하룻밤 사이에 쉽게 뚫릴 것이며, 온라인 상거래는 존폐의 기로에 설 것이다. 우리는 우리 기억 속에 저장된 수들이 아니라 유일무이한 생화학적 특징에 기반을 둔 홍채 인식이나 지문 인식, 또는 DNA 인식 시스템을 개인 식별 수단으로 삼아야 할 것이다. 물론 이 새로운 생화학적 특징들도 안전하게 저장할 필요가 있을 것이다.

소인수분해는 '어려운' 문제이다. 어떤 마법의 공식이 발견되어, 소인수분해가 '쉬운' 문제라는 것이 밝혀진다면 어떻게 될까? 설령 그런 일이 일어나더라도, 다른 '어려운' 문제를 이용해서 튼튼한 암호를 새로 만들 수 있을까? 안타깝게도 우리가 '어렵다'고 믿는 문제 하나가 '쉬운'

문제로 판명되면, 자동적으로 다른 모든 '어려운' 문제들도 '쉬운' 문제로 판명될 것이다. 그러므로 소인수분해를 '쉬운' 문제로 만드는 마법의 공식은 진정한 마법의 탄환일 것이다.

102쪽 문제 정답: 5569+389965026814369

028

최고 기록을
예측할 수
있을까?

기록은 깨질 때까지 유지될 것이라고 나는 늘 생각했다.

_요기 베라(미국 야구선수)

수사기록이나 일기 등 다양한 기록이 존재하지만, 수학자들이 많은 관심을 기울이는 기록은 가장 큰 것, 가장 작은 것, 가장 뜨거운 것 따위의 최고 기록이다. 그런 최고 기록들을 예측할 수 있을까?

아마 당신은 예측할 수 없다고 생각할 것이다. 이는 옳은 생각으로, 최고 기록은 점점 '향상'되는 경향이 있다. 그렇지만 마이클 존슨이나 이언 소프가 나타나서 연일 기록을 깨리라는 것을 어떻게 예측할 수 있겠는가? 놀랍게도 여자 장대높이뛰기 세계기록은 옐레나 이신바예바에 의해 1년 동안 여덟 번 깨졌다. 이런 기록들은 매우 중요한 의미에서 무작위로 발생한 것이 아니다. 매번 신기록은 경쟁의 산물이고, 이전의 모든 노력과 무관하지 않다. 장대높이뛰기 선수들은 새 기술을 배우고 끊임없이 훈련하여 약점을 보완하고 기술을 다듬는다. 이런 기록들에 대해서 당신이 할 수 있는 예측은, 그 기록들이 언젠가 깨지리라는 것뿐이다. 물론 신기록이 나올 때까지 오랜 시간이 걸릴 수도 있겠지만 말이다.

그러나 서로 독립적이라고 가정된 사건들의 열에서 발생하는 다른 종류의 기록들도 있다. 예컨대 월간 최대 강수량 기록, 백 년간 특정 지역의 최고 온도나 최저 온도 기록, 만조 수위 최고 기록 등이 그러하다. 매 사건이 이전 사건들과 무관한 독립사건이라는 가정은 매우 강력해서 최고 기록이 나올 확률이 얼마나 되는지를 예측할 수 있게 해준다. 최고 기록이 무엇인지는 상관없다. 강우량, 강설량, 낙엽의 양, 수위, 풍속, 온도 등, 어떤 최고 기록이라도 예측할 수 있다.

영국의 연간 강우량을 예로 들어보자. 우리가 측정을 시작한 첫해의 강우량은 최고 기록일 수밖에 없다. 2년차 강우량이 1년차 강수량과 무관하다면, 2년차 강우량이 1년차 강우량보다 많을 확률은 1/2, 그렇지 않을 확률은 1/2이다. 따라서 처음 2년 동안에 강우량 최고 기록을 보인 햇수의 기댓값은 $1+\frac{1}{2}$ 이다. 3년차 강우량이 최고 기록일 경우는 가능한 순위 6개 중에서 2개밖에 없다. 따라서 3년 동안에 최고 기록 햇수의 기댓값은 $1+\frac{1}{2}+\frac{1}{3}$ 이다. 똑같은 추론을 계속 적용하면, n년 동안에 강우량 최고 기록을 보인 햇수의 기댓값이 다음과 같음을 알 수 있다.

$$1+\frac{1}{2}+\frac{1}{3}+\frac{1}{4}+\cdots+\frac{1}{n}$$

수학자들은 이 급수를 '조화'급수라고 부른다. 조화급수 n항까지의 합을 H(n)으로 표기하자. 그러면 H(1)=1, H(2)=1.5, H(3)=1.883, H(4)=2.083 등이다. 조화급수에서 매우 흥미로운 점은, 항들이 늘어날 때 합이 아주 느리게 증가한다는 것이다. 예컨대 H(256)=6.12인데, H(1,000)은 겨우 7.49, H(1,000,000)은 고작 14.39이다. (n이 매우 클 때 H(n)은 n의 자연로그와 똑같은 속도로 증가하며 거의 0.58+ln(n)에 수렴한다.)

이를 통해서 무엇을 알 수 있을까? 우리의 공식을 1748년부터 2004년까지, 256년 동안 영국 어느 지역의 강우량에 적용해보자. 그러면 H(256)=6.12, 따라서 256년 동안에 강우량 최고 기록(또는 최저 기록)을 낸 연도가 약 6개 있으리라고 기대할 수 있다. 실제로 1748년부터 2004년까지 런던 큐 왕립식물원에서 기록한 강우량을 살펴보면, 최고 강우량을 기록한 연도가 딱 6개 있다. 최고 강우량을 기록한 연도가 8개 나오려면 몇 년이 필요할까? 앞으로 1,000년 넘게 지나야 최고 기록 연도 8개가 나오리라고 기대할 수 있다. 사건들이 무작위할 경우, 최고 기록은 아주 드물게 나온다.

최근 들어 전 세계에서 '지구 온난화'에 대한 우려가 높아졌고, 여러 곳에서 국지적인 기후 기록들이 불안할 정도로 많이 나왔다. 만일 새 기록들이 조화급수가 예측하는 것보다 훨씬 더 흔하게 나온다면, 우리는 연간 기후 사건들이 이제 더 이상은 독립사건이 아니라는 결론, 어떤 무작위하지 않은 체계적 경향의 일부가 되기 시작했다는 결론을 내릴 수 있을 것이다.

029

DIY 로또에서 이기는 법

작은 수들에 관한 강한 법칙: 작은 수들은 그것들에 부과된
요구를 모두 충족시킬 만큼 충분히 많지 않다.

_리처드 가이(영국 수학자)

거실에 있는 손님들을 잠시 동안 즐겁게 해줄 간단하고 지적인 게임이
필요하다면, 내가 'DIY 로또'라고 이름 붙인 다음과 같은 게임을 권하
고 싶다. 모든 사람이 각각 양의 정수 하나를 골라서 카드에 자기 이름
과 함께 적고, 카드들을 모아 비교하는 것이 게임의 전부이다. 이때 목
표는 아무도 선택하지 않은 가장 작은 수를 고르는 것이다. 이 게임에
서 이기기 위한 전략이 있을까? 당신은 1이나 2 같은 가장 작은 양의 정
수를 골라야 한다고 생각할지도 모르겠다. 그러나 만일 다른 사람들도
그렇게 생각한다면, 당신이 고른 수는 다른 누군가가 고른 수와 겹치고
말 것이다. 반대로 당신이 아주 큰 수를 고른다면, 고를 수는 무한히 많
겠지만 당신은 확실히 질 것이다. 왜냐하면 다른 누군가가 당신보다 작

은 수를 고를 것은 불 보듯 뻔하기 때문이다. 그러므로 최선의 수들은 너무 작지도 않고 너무 크지도 않아야 할 것이다. 하지만 정확히 얼마나 큰 수를 골라야 할까? 7이나 11은 어떨까? 당신 말고 7을 고르는 사람이 확실히 없을까?

나는 이 게임에서 이기는 전략이 있는지 여부를 모른다. 하지만 이 게임은 우리 각자가 자신을 '전형적인' 사람으로 생각하기를 꺼린다는 사실을 부각시킨다. 우리는 자신이 어느 누구도 생각하지 않은 작은 수를 고를 수 있다고 믿는 경향이 있다. 그러나 우리가 어느 후보에게 투표하고, 무엇을 사고, 휴일에 어디로 놀러가고, 금리 인상에 어떻게 반응할지를 여론조사를 통해 예측할 수 있는 이유는 우리 모두가 비슷한 사람이기 때문이다.

내가 DIY 로또와 관련해서 짐작하는 것이 하나 더 있다. 고를 수들은 무한히 많음에도, 우리는 거의 모든 수들을 망각한다. 우리는 20 근처, 또는 게임에 참여한 인원이 10명보다 많을 경우에는 그 인원의 두 배 근처를 한계로 정하고 누구도 그보다 더 큰 수를 고르지 않을 것이라고 생각한다. 이어서 우리는 가장 작은 수들은 다른 사람들도 고를 것이 뻔하다는 이유로 1부터 대략 5까지를 배제하고 나머지 수들 중 하나를 대략 같은 확률로 고른다.

우리가 선호하는 수를 체계적으로 연구하려면 다수(이를테면 100명)가 참가하는 DIY 게임을 여러 번 반복하면서 선택되는 수들의 패턴과 승자가 고른 수를 살펴보아야 할 것이다. 참가자들이 게임을 거듭하면서 어떻게 전략을 수정하는지 살펴보는 것도 흥미로울 것이다. 이 게임의 컴퓨터 시뮬레이션은 연구에 도움이 되지 않을 수도 있다. 컴퓨터 시뮬레이션은 미리 전략을 지정해주어야 작동하기 때문이다. 이 게임에서 수들은 확실히 무작위하지 않게 선택된다(만일 무작위하게 선택된다면, 모든 수가 똑같은 확률로 선택될 것이다). 중요한 것은 심리이다. 당신은 타인들이 어떤 수를 선택할지 상상하려고 애쓴다. 그러나 자신은 남들과 다르게 생각한다고 믿는 경향이 너무 강해서, 우리 대부분은 그 믿음에 휘둘린다. 당연한 말이지만, 만일 DIY 로또에서 이기는 확정적인 전략이 정말로 있다면 모든 사람이 그 전략을 채택할 테고, 따라서 다른 사람이 선택하지 않은 수를 선택하는 데 실패하여 아무도 이기지 못할 것이다.

나는 안 믿어! 030

확실히 파이프 세 대를 피워야 해요.
15분 동안 내게 말을 걸지 말아주십시오.

_셜록 홈스

당신은 텔레비전 생방송 게임쇼에 출연 중이다. 쾌활한 사회자가 당신에게 A, B, C라는 표찰이 붙은 상자 세 개를 보여준다. 세 상자 중 하나에는 100만 파운드짜리 수표가 들어 있고, 나머지 두 상자에는 사회자의 사진이 들어 있다. 사회자는 어느 상자에 수표가 들어 있는지 안다. 만일 당신이 상자를 옳게 고르면, 수표는 당신 차지가 될 것이다. 당신은 상자 A를 선택하고 그 앞에 선다. 그러자 사회자는 상자 C로 다가가 그 안에 자기 사진이 있음을 모든 사람에게 공개한다. 그러므로 수표는 상자 A나 B에 들어 있을 수밖에 없다. 당신이 선택한 상자는 A이다. 그런데 사회자가 당신에게 원래 선택을 고수할 것인지 아니면 선택을 상자 B로 바꿀 것인지 묻는다. 당신은 어떻게 해야 할까? 당신은 아마 상자 B로 바꾸고 싶은 충동과 상자 A를 고수하라는 목소리를 동시에 느낄 것이다. 그 목소리는 사회자가 방송사의 이익을 위해서 당신이 선택을 바꾸도록 종용한다고 이야기할 것이다. 또는 더 합리적인 목소리라면, 수표는 처음에 있던 자리에 그대로 있고 당신의 원래 선택은 옳거나 그르거나 둘 중 하나이므로 지금 선택을 바꾸거나 말거나 마찬가지라고 이야기할 것이다.

그러나 정답은 매우 놀랍게도 선택을 상자 B로 바꿔야 한다는 것이다! 당신이 선택을 상자 B로 바꾸면, 당신이 수표를 차지할 확률이 두 배로 높아진다. 원래 선택한 상자 A를 고수할 경우 당신이 수표를 차지할 확률은 1/3인 반면, 선택을 바꿀 경우 당신이 수표를 차지할 확률은 2/3이다.

어째서 이런 결과가 나오는 걸까? 처음에 상자 A, B, C 각각에 수표가 들어 있을 확률은 1/3이다. 다시 말해서 A에 들어 있을 확률은 1/3, B나 C에 들어 있을 확률은 2/3이다. 이때 사회자가 개입하여 한 상자를 공개하면, 위의 두 확률은 변하지 않는다. 왜냐하면 그는 항상 수표가 들어 있지 않은 상자를 공개하기 때문이다. 따라서 그가 상자 C를 공개한 후에는, A에 수표가 들어 있을 확률은 여전히 1/3인 반면, C에는 수표가 확실히 없으므로 B에 수표가 들어 있을 확률은 2/3이다. 결론적으로 당신은 선택을 바꿔야 마땅하다.

아직도 확신이 들지 않는가? 그렇다면 다른 방식으로 고찰해보자. 사회자가 상자 C를 공개한 후에 당신에게는 두 가지 선택지가 있다. 우선 당신은 A를 고수할 수 있는데, 그러면 당신은 원래 선택이 옳았을 경우에만 수표를 거머쥘 것이다. 둘째, 당신은 선택을 B로 바꿀 수 있느데, 그러면 당신은 원래 선택이 틀렸을 경우에만 수표를 거머쥘 것이다. 그런데 당신의 원래 선택이 옳을 확률은 1/3, 틀릴 확률은 2/3이다. 따라서 당신이 선택을 바꾸고 수표를 거머쥘 확률은 2/3, 선택을 고수하고 수표를 거머쥘 확률은 1/3이다.

이쯤 되면 당신도 확신이 들어야 마땅하다.

031 대형화재, 먼지가 치명적이라고?

나는 당신으로 하여금 한줌 먼지에서 공포를 보게 하리라.
_T. S. 엘리엇(영국 시인), 〈황무지〉

여러 대형화재는 먼지가 치명적이라는 사실을 가르쳐준다. 낡은 창고에 붙은 작은 불은 진화 작업으로 인해 다량의 먼지가 솟구쳐 공중에서 점화할 경우 순식간에 거대한 불로 돌변할 수 있다. 어둡고 인적이 드물어서 모르는 사이에 상당히 많은 먼지가 쌓일 수 있는 곳이라면 어디나(이를테면 에스컬레이터 아래, 계단식 객석 아래, 방치된 창고) 대형화재가 발생할 위험이 크다.

보통 우리는 먼지를 특별한 인화물질로 생각하지 않는다. 그런데 어째서 먼지가 위험한 물질인 것일까? 답은 기하학에 있다. 정사각형을 작은 정사각형 16개로 자른다고 해보자. 원래 정사각형이 가로세로 4cm였다면, 작은 정사각형들의 크기는 가로세로 1cm가 된다. 이때 면

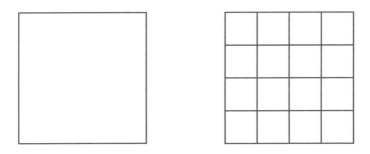

적은 자르기 전이나 후나 똑같이 16cm²로 조금도 줄어들지 않았다. 그러나 외부로 노출된 변의 길이는 크게 변한다. 원래 정사각형의 둘레는 16cm인 반면, 자른 후에는 작은 정사각형 각각의 둘레가 4cm이고 그와 같은 정사각형이 16개 있으므로 총 둘레는 자르기 전보다 4배 커진 $4 \times 16 = 64$cm이다.

정육면체를 가지고 똑같은 자르기를 해보자. 정육면체의 면 각각의 크기가 가로 세로 4cm라면 면적은 16cm²이므로, 정육면체의 표면적은 $6 \times 16 = 96$cm²가 된다. 그런데 이 정육면체를 크기가 가로 세로 높이 1cm인 작은 정육면체 64로 자르면, 총 부피는 변함이 없지만 작은 정육면체들의 표면적 총합은 (정육면체 각각이 1cm²짜리 면을 6개 지녔으므로) $64 \times 6 \times 1 = 384$cm²가 된다.

이 간단한 예들은 무언가가 작은 조각들로 부서지면 조각들이 작으면 작을수록 총 표면적이 엄청나게 커진다는 것을 보여준다. 불은 표면에 붙는다. 왜냐하면 가연성 물질이 공기 중의 산소와 접촉할 수 있는 자리가 표면이기 때문이다. 이런 연유로 우리는 장작불을 붙일 때 종이를 찢어서 불쏘시개로 쓰는 것이다. 단일한 물질 덩어리는 상당히 느리게 탄다. 주변의 공기와 직접 접촉하여 연소가 일어날 수 있는 표면의 면적이 작기 때문이다. 그런데 그 물질 덩어리가 부서져 먼지 조각들이 되면, 공기와 접촉하여 연소할 수 있는 표면의 면적이 엄청나게 커진다. 어디에라도 불이 붙으면, 불은 한 먼지 알갱이에서 다른 먼지 알갱이로 신속하게 번진다. 그 결과 불flash fire이 순간적으로 번지거나, 공중에 뜬 먼지의 밀도가 커서 공기 전체가 불길에 휘말릴 경우에는 불바람firestorm이 될 수 있다.

일반적으로 수많은 작은 물체들은 부피와 재질이 똑같은 커다란 물체 하나보다 화재를 당할 위험이 크다. 숲의 나무를 경솔하게 베어 큰 나무들을 모조리 없애고 엄청난 면적의 숲 바닥에 톱밥과 나무 조각들을 깔아놓는 것은 오늘날 일어나기 쉬운 위험천만한 바보짓이다.

가루가 많으면 위험하다. 1980년대에 영국에서 일어난 주요 화재 중 하나는 커스터드 가루를 만드는 잉글랜드 중부의 대형 공장에서 발생했다. 작은 불꽃에 분유나 밀가루나 톱밥을 조금만 뿌려주면, 불꽃은 갑자기 몇 m 높이로 치솟을 것이다.

최고의 지원자를 채용할 확률은?

해답은 문제를 일으키는 주요 원인이다.

_세버라이드(CBS 논평가)의 법칙

수많은 후보자들 중 한 명을 고르는 것은 고전적인 문제이다. 이를테면 비서직에 지원한 500명을 대면한 사장, 왕국에 사는 모든 젊은 여자 중에서 왕비를 골라야 하는 왕, 수많은 응시자 중에서 최고의 학생을 선발해야 하는 대학이 그 고전적인 문제를 해결해야 한다. 후보자의 수가 적당하다면 모든 후보자를 면담하고, 비교하면서 평가하고, 불확실하다 싶으면 다시 면담하여 가장 적합한 사람을 선발할 수 있다. 그러나 후보자들이 엄청나게 많다면, 그런 식으로 문제를 해결하는 것은 비현실적일 수 있다. 이 경우에 당신은 눈 딱 감고 무작위로 한 명을 선발할 수도 있을 것이다. 그러나 지원자가 N명일 경우, 무작위로 골라서 최고의 지원자를 고를 확률은 겨우 1/N이다. 지원자가 100명이 넘는다면, 확률 1/N은 1%에 못 미친다. 최고의 지원자를 찾기 위해 모든 지원자를 면담하는 방법은 시간이 오래 걸리는 대신에 신뢰할 수 있다. 반면에 무작위로 고르는 방법은 신속한 대신에 신뢰성이 전혀 없다. 이 두 극단 사이에 '최선의' 방법이 있을까? 그러니까 최고의 지원자를 발견할 확률도 상당히 높고 시간도 그리 오래 걸리지 않는 최선의 방법이 있을까?

바로 그런 방법이 있다. 이제부터 놀랍도록 단순하면서 효율적인 그 최선의 방법을 살펴보도록 하자. 어떤 '일자리'에 N명이 지원하면 우선 지원자들 중 일부를 무작위로 골라서 면담한다. 우리는 이들 중에서 최고의 지원자를 찾아내어 나머지 지원자들을 평가할 때 기준으로 삼을 것이다. 그런데 이미 면담한 지원자를 다시 불러 채용할 수는 없다. 그러므로 이 지원자들을 그중 최고인 지원자까지 포함해서 전부 버려야 한다. 그런 다음에 나머지 지원자를 한 명씩 면담하면서 그 최고의 지원자보다 나은 사람을 뽑아야 한다. 이때 모든 지원자들 중에서 최고인 사람을 채용할 확률을 최대화하려면 어떻게 해야 할까?

이를테면 지원자 목록의 맨 앞에 있는 C명을 면담한 다음에, 나머지 지원자들 중 한 명을 무작위로 면담하여 그가 앞의 C명보다 더 나은지 비교하는 방법을 생각해보자. 이때 문제는 C를 얼마로 정해야 하느냐는 것이다.

지원자 1, 2, 3이 있는데, 1보다 2가 낮고, 2보다 3이 낮다고 가정하자. 이 세 명의 지원자는 다음과 같은 여섯 가지 서열로 목록에 오를 수 있다.

123 132 213 231 312 321

만일 우리가 목록의 맨 처음에 있는 지원자를 뽑기로 한다면, 위의 여섯 가지 서열 중 둘에서만 최고의 지원자(지원자 3)를 뽑을 것이다. 즉, 최고의 지원자를 뽑을 확률은 2/6=1/3이다. 만일 맨 처음 지원자를 버리고 그보다 나은 다음 지원자를 뽑기로 한다면, 위의 두 번째 서열(132)과 세 번째 서열(213)과 네 번째 서열(231)에서만 최고의 지원자를 뽑을 것이다. 따라서 최고의 지원자를 뽑을 확률은 3/6=1/2이다. 만일 우리가 처음 두 명을 버리고 그들보다 나은 다음 지원자를 뽑기로 한다면, 첫 번째 서열(123)과 세 번째 서열(213)에서만 최고의 지원자를 뽑을 것이다. 따라서 최고의 지원자를 뽑을 확률은 1/3이다. 결론적으로, 지원자가 3명이면 처음 한 명을 버리고 그보다 나은 다음 지원자를 뽑는 전략이 최고의 지원자를 뽑을 확률이 가장 높다.

이 분석을 지원자의 수 N이 3보다 큰 경우로도 확장할 수 있다. 지원자가 4명이면, 지원자들의 서열은 24가지다. 따져 보면, 처음 한 명을 버리고 그보다 나은 다음 지원자를 뽑는 전략이 여전히 최선의 방법이다. 그 전략으로 최고의 지원자를 뽑을 확률은 11/24이다. (맨 처음이나 맨 마지막 지원자를 뽑는 전략으로 최고의 지원자를 뽑을 확률은 1/4, 2명을 버리고 그들보다 나은 다음 지원자를 뽑는 전략으로 최고의 지원자를 뽑을 확률은 5/12이다.) 똑같은 논증을 통해서 지원자의 수가 N일 경우에 처음 1명, 2명, 3명 등을 버리고 그보다 나은 다음 지원자를 뽑는 전략을 쓰면 최고의 지원자를 뽑을 확률이 어떻게 달라지는지 계산할 수 있다.

지원자의 수가 증가할수록, 최적의 전략에서 버려지는 인원의 비율과 최고의 지원자가 뽑힐 확률은 점점 더 특정 값에 가까워진다. (최고의 지원자가 (r+1)번째 위치에 있고 처음 r명을 버린다면 확실히 최고의 지원자를 뽑을 수 있겠지만, 이런 일은 $\frac{1}{N}$의 확률로만 일어날 것이다. 만일 최고의 지원자가 (r+2)번째 위치에 있고 우리가 처음 r명을 버린다면, $\frac{1}{N} \times (\frac{r}{r+1})$의 확률로 최고의 지원자를 뽑을 것이다. 최고의 지원자가 더 뒤에 있을 경우에도 똑같은 방식으로 따져보면, 최고의 지원자를 뽑을 확률은 다음의 P(N, r)과 같음을 알 수 있다. $P(N, r) = \frac{1}{N} \times [1 + \frac{r}{r+1} + \frac{r}{r+2} + \frac{r}{r+3} + \frac{r}{r+4}$ $\frac{r}{r+5} + \cdots + \frac{r}{(N-1)} \approx \frac{1}{N} \times [1 + r \ln[\frac{(N-1)}{r}]$. 이 마지막 양은 $\ln[\frac{(N-1)}{r}] = 1$일 때, 즉 $e = \frac{(N-1)}{r}$ 일 때, 다시 말해서 N이 크다면 $e = \frac{N}{r}$ 일 때, 즉 버려지는 인원의 비율 $\frac{r}{N}$ 이 $\frac{1}{e} \approx 0.37$일 때 최대가 된다. 또 이때 P(N, r)의 값도 $P \approx \frac{r}{N} \times \ln(\frac{N}{r}) \approx \frac{1}{e} \approx 0.37$이다.)

지원자가 100명인 경우를 생각해보자. 최적의 전략은 37명을 버리고 그들보다 나은 다음 지원자를 뽑는 것이다. 이렇게 하면 약 37.1%의 확률로 최고의 지원자가 뽑힌다. 무작위로 한 명을 고를 경우에 최고의 지원자를 뽑을 확률이 1%라는 점을 감안할 때, 37.1%면 대단히 높은 확률이다. (정확히 말해서, 만일 우리가 처음 N명을 버린다면, 최고의 지원자를 뽑을 확률은 N이 커질 때 $\frac{1}{e}$에 수렴한다. e는 자연로그의 밑이며 값은 e=2.7182…이다. 따라서 $\frac{1}{e}$은 대략 0.37과 같다.)

그런데 이 전략을 실제로 채택하는 것이 바람직할까? 당신이 신입 사원을 뽑는다면 모든 지원자를 면담하는 것이 옳은 방법일 것이다. 그러나 당신의 아내가 될 여자를 찾거나, 베스트셀러의 줄거리를 찾거나, 가장 좋은 거주지를 찾는다면 어떨까? 평생 동안 찾기만 할 수는 없는 노릇이다. 그렇다면 언제 찾기를 멈추고 결정을 내려야 할까? 덜 심각한 예도 있다. 당신이 자동차를 운전하면서 오늘밤 묵을 모텔이나 저녁을 먹을 식당이나 가장 싼 주유소를 찾는다면, 당신은 몇 곳을 둘러본

다음에 결정을 내려야 할까? 이것들은 모두 순차선택sequential choice 문제이며, 이 글에서 우리는 최적의 순차선택 전략을 논의했다. 경험적으로 볼 때, 사람들은 충분히 오래 찾지 않고 결정을 내린다. 심리적인 압박 때문에, 또는 그저 인내심이 부족해서 최적의 전략대로 모든 선택지의 37%를 살펴본 다음에 선택하는 것이 아니라 그보다 훨씬 먼저 선택한다.

033 누이 좋고 매부 좋은 재산 분할법

콘라드 힐튼은 이혼을 협의할 때 아주 후했다.
그는 나에게 기드온성경 5,000권을 주었다.

_자자 게이버(미국 여배우)

어느 날 나의 세 살배기 아들이 자기 아이스크림을 다 먹고 나서 내 아이스크림을 보며 이렇게 말했다. "아빠, 나눔은 좋은 거래." 그러나 나눔은 그리 간단한 일이 아니다. 당신이 무언가를 두 명 이상의 사람에게 나눠줘야 한다면 어떻게 해야 할까? 당신이 생각하는 대로 공정하게 분할을 하면 만사해결이라고 쉽게 생각할 수 있을 것이다. 예컨대 두 명에게 나눠줘야 한다면 이등분하면 된다고 말이다. 이 방법은 돈다발처럼 아주 단순한 물건을 나눠줄 때는 잘 통할 수 있을 것이다. 그러나 안타깝게도 받을 사람들이 물건에 두는 가치가 제각각일 경우, 이 방법은 분쟁을 일으키기 쉽다. 어떤 지역을 두 국가에 나눠줘야 한다고 상상해보자. 이때 두 국가는 농업용수나 산악 관광지역과 같은 지리적 특징들의 가치를 제각각 다르게 매길 수도 있다. 이런 경우 단순히 면적만 이등분해서 나눠준다면, 양쪽 모두 불만을 토로할 것이다. 반대로 집안일이나 심부름처럼 사람들이 반기지 않는 것들을 나눠줄 때에도 개인적인 선호도 차이가 문제를 일으킬 수 있다.

이혼을 협의할 때에는 많은 것들을 공정하게 나눠야 한다. 그런데 사람들은 다양한 것들의 가치를 제각각 다르게 매긴다. 어떤 사람은 주택에 가장 큰 가치를 두고, 또 어떤 사람은 수집한 회화작품이나 애완견에 가장 큰 가치를 둔다. 물론 조정자로서 당신은 나눠야 할 것들의 가치를 단일한 관점에서 매기겠지만, 이혼을 앞둔 양 당사자는 전 재산의 여러 부분들에 각각 다른 가치를 부여할 것이다. 조정자의 목표는 양 당사자가 만족하도록 재산을 분할하는 것일 텐데, 그러기 위해서 단순한 수량적인 의미의 '이등분'이 반드시 필요한 것은 아니다.

전통적이고 간단한 재산 분할 방법은 먼저 한 당사자가 재산을 두 부분으로 나누고 이어서 다른 당사자가 한 부분을 선택하는 것이다. 먼저 나누는 사람은 공평하게 나누기 위해서 최선을 다할 수밖에 없다. 조금이라도 불공정하게 나누면 상대방은 '더 나은' 부분을 선택할 테고, 불공정한 나눔의 폐해는 자기 자신에게 돌아올 것이기 때문이다. 이 분할 방법은 질투가 일어나는 것을 막을 수 있다. (물론 분할하는 사람이 상대방은 모르는 비밀[이를테면 한 구역에 원유가 매장되어 있다는 사실]을 안다면 사정은 달라진다.) 그럼에도 여전히 문제가 발생할 수 있다. 두 당사자의 가치관이 달라서, 한 사람이 좋다고 평가하는 것을 다른 사람은 나쁘다고 평가할 수 있기 때문이다.

스티븐 브람스, 마이클 존스, 크리스천 클람러는 재산을 두 사람에게 나눠주되 두 사람 모두 공정하다고 느끼도록 나눠주는 더 좋은 방법을 제안했다. 먼저 조정자는 각 당사자에게 재산을 공평하게 둘로 분할해보라고 요구한다. 만일 양 당사자의 분할 방식이 서로 일치한다면 만사해결이다. 그 방식대로 분할하고 한 부분씩 나눠 가지면, 두 당사자 모두 만족할 것이다. 반면에 두 당사자의 분할 방식이 일치하지 않으면, 아주 간단한 조정을 거쳐 더욱 만족스러운 결과에 도달할 수 있다.

A B

분할할 재산이 위 선분과 같다고 해보자. 재산을 나눠 가질 당사자는 나와 당신이다. 그런데 각각 제안한 분할 방식이 일치하지 않아서, 내가 선택한 공정한 분할은 선분을 점 A에서 나누는 것인 반면, 당신이 선택한 공정한 분할은 점 B에서 나누는 것이라고 해보자. 그렇다면 나는 A 왼쪽 부분을 받으면 만족하고, 당신은 B 오른쪽 부분을 받으면 만족할 것이다. 게다가 A와 B 사이에 자투리가 남는다. 조정자는 이 자투리를 이등분해서 나와 당신에게 나눠줄 수 있다. 그러면 나도 당신도 기대했던 '절반'보다 많은 몫을 얻어 행복할 것이다.

브람스와 동료들이 제안한 이 멋진 방법을 좀 더 개량할 수도 있을 것 같다. 개량의 핵심은 조정자가 자투리를 단순히 이등분하는 대신에, 자투리를 놓고 또 한 번 양 당사자 각각이 분할 방식을 제안하여 전체 과정을 되풀이하는 것이다. 그러면 더 작은 자투리가 다시 남을 테고, 이 자투리를 놓고 다시 한 번 전체 과정을 되풀이하게 된다. 이 되풀이는 양 당사자가 제안한 분할 방식이 일치할 때까지 계속될 것이다.

공정한 분할에 참여하는 당사자가 세 명 이상이면, 과정이 훨씬 더 복잡해지지만 핵심은 다를 바 없다. 뉴욕대학은 재산을 분쟁 없이 공정하게 분할해야 하는 상황에 적용할 수 있는 분할 방법의 상업적 이용에 대한 특허를 받았다. 이 분할 방법은 미국의 이혼법정에서 중동의 평화협정까지 광범위하게 적용되고 있다.

034 정말 우연의 일치일까?

넌 아직 어려서 한 달이 긴 시간이라고 생각하는 거야.

_헤닝 만켈(스웨덴 소설가)

당신은 생일을 맞아 친구들을 초대해본 적이 있을 것이다. 혹시 당신의 초대를 받은 친구가 똑같은 날에 자기도 생일이라고 대꾸한 적이 있는 가? 누구나 경험으로 알겠지만, 가끔 그런 일이 발생한다. 다음과 같은 재미있는 질문을 던져보자. 당신이 초대한 친구들 중에 당신과 생일이 같은 친구가 있을 확률이 50%보다 높으려면, 얼마나 많은 친구들을 초 대해야 할까? 당신이 친구들의 생일을 모르면서 초대한다고 가정하고, 윤년이 없어서 1년은 항상 365일이라고 가정하면, 적어도 253명을 초대 해야 당신과 생일이 같은 친구가 있을 확률이 1/2보다 커진다. (한 손님의 생일이 당신의 생일과 다를 확률은 364/365이다. 그러므로 만일 손님 G명이 있고 그들의 생일이 서로 독립적이라면, 당신과 생일이 같은 손님이 한 명도 없을 확률은 $P = (364/365)^G$

이다. 따라서 당신과 생일이 같은 손님이 있을 확률은 1−P이다. G가 점점 커지면 P는 0에 접근하고, 당신과 생일이 같은 손님이 있을 확률 1−P는 1에 접근한다. 1−P가 0.5보다 크려면, G가 ln(0.5)/ln(364/365)보다 커야 한다. ln(0.5)/ln(364/365)는 대략 253이다.) 365를 2로 나눈 값보다 훨씬 더 큰 253이 나오는 까닭은 많은 친구들의 생일이 서로 겹칠 가능성이 높기 때문이다. 그러니 당신의 생일파티에 온 친구들 중에 당신과 생일이 같은 친구가 있기를 기대하는 것은 무리라고 할 수 있을 것이다.

이제 굳이 당신과 생일이 같은 친구를 찾을 것이 아니라, 서로 생일이 같은 친구들이 있는지 찾아보라. 생일이 같은 친구들이 있을 확률이 1/2보다 크려면, 얼마나 많은 친구들이 있어야 할까? 이 질문을 꼼꼼히 탐구해본 적이 없는 사람들은 대개 정답보다 훨씬 더 큰 수를 내놓는데, 정답은 충격적이다. 겨우 23명이 있으면(윤년을 감안하면 약간 변화가 생기지만 253명이 필요하다는 결론은 바뀌지 않는다.) 그중에 생일이 같은 사람들이 있을 확률이 50.7%, 22명이 있으면 47.6%, 24명이 있으면 53.8%이다. (이번에도 손님들의 생일이 제각각 다를 확률을 먼저 구하는 것이 가장 쉬운 방법이다. 손님 N명이 있다면, 그들의 생일이 다 다를 확률은 P=365/365×364/365×363/365×…×[365−(N−1)]/365이다. 이 곱셈식의 첫 항은 첫 번째 손님의 생일이 365일 가운데 어느 날이 되어도 무방함을 의미한다. 둘째 항은 두 번째 손님의 생일이 첫 손님의 생일과 일치하지 않을 확률이다. 셋째 항은 셋째 손님의 생일이 첫째 손님이나 둘째 손님의 생일과 일치하지 않을 확률, N째 항은 N번째 손님의 생일이 이전 손님들의 생일과 일치하지 않을 확률을 의미한다. 그러므로 생일이 같은 사람들이 있을 확률은 $1-P=1-N!/\{365^N(365-N)\}$이며, 이 값이 0.5보다 크려면 N이 22보다 커야 한다.)

예컨대 축구 경기를 하는 두 팀과 심판이 있으면, 그들 중에 생일이 같은 두 사람이 있을 확률이 1/2보다 크다. 앞에서 보았듯이, 당신과 생일이 같은 사람이 있을 확률이 1/2보다 크려면 적어도 253명이 있어야 한다. 253은 23과 밀접한 관계가 있다. 생일이 같은 두 사람이 있을 확률이 1/2보다 높기 위해서 필요한 인원수가 겨우 23인 이유는 두 사람을 뽑는 방법이 아주 많기 때문이다. 구체적으로 그 방법은 $(23 \times 22)/2 = 253$가지이다. (처음 한 명을 뽑는 방법이 23가지, 이어서 또 한 명을 뽑는 방법이 22가지이므로, 두 명을 뽑는 방법은 23×22가지인데, 뽑힌 두 사람의 순서는 따지지 않으므로['나와 당신'과 '당신과 나'는 동일하므로] 이 가짓수를 2로 나눠야 한다.)

미국 수학자 폴 할모스는 이 문제를 푸는 편리한 근사계산법을 발견했다. 그는 다음과 같은 사실을 증명했다. 어떤 속성이 N가지 방식으로 실현될 수 있다면(N은 큰 수이다) 적어도 $1.18 \times N^{1/2}$명을 무작위로 뽑아야만 그 속성이 동일하게 실현된 두 사람이 있을 확률이 1/2보다 커진다. 생일의 가짓수는 365이므로 N=365로 놓으면, $1.18 \times N^{1/2}$은 22.544이다. 결론적으로 생일이 같은 두 사람이 있을 확률이 1/2보다 크려면 적어도 23명이 있어야 한다.

이 분석의 암묵적 전제들 중 하나는 연중 어느 날이나 사람들의 생일이 될 확률이 똑같다는 것이다. 현실적으로 이 전제는 참이 아닐 가능성이 높다. 여성들은 여름휴가 때 아기를 밸 가능성이 높고, 제왕절개술을 통한 출산은 크리스마스나 설날을 피해서 이루어질 가능성이 높다. 성공한 운동선수들은 또 다른 흥미로운 문제다. 어느 프리미어리그 축구경기에 참가한 선수들이나 영국 국가대표 육상선수들의 생일을 조사해보면 추측하건대 그들의 생일은 가을에 몰려 있을 것이다. 그 이유는 점성술 따위와 무관하다. 영국 학교의 학사연도는 9월 초에 시작된다. 따라서 9월, 10월, 11월에 생일이 있는 아이들은 6월, 7월, 8월에 생일이 있는 동급생보다 적잖이 성숙하여 신체적인 힘과 민첩성이 상대적으로 우월할 것이다. 따라서 가을에 생일이 있는 아이들은 스포츠 팀에 들어가서 여러 자극 및 지원과 추가적인 교육을 받으면서 성공적인 청소년 선수의 길을 갈 가능성이 높다. 스포츠 외에 성숙도가 필요한 다른 분야들에서도 사정은 마찬가지일 것이다.

우리는 여러 활동, 이를테면 은행 거래, 온라인 쇼핑, 항공권 예약을 할 때 생일을 제시해야 한다. 그러나 앞에서 이야기했듯이 생일을 보고 개인을 식별하는 것은 그리 좋은 방법이 아니다. 두 사람의 생일이 일치할 확률이 상당히 높기 때문이다. 그렇다면 태어난 연도를 추가하거나 암호를 도입함으로써 두 사람의 일치 확률을 낮출 수 있을 것이다. 개인 식별을 생일로 하는 대신에 문자 10개로 된 암호로 한다고 해보자. 이렇게 하면 두 사람이 혼동될 가능성은 극적으로 낮아진다. 암호가 알파벳 10개로 구성된다면, 가능한 암호의 가짓수는 26^{10}이다. 할모스의 공식으로 계산해보면, 1.18×26^5 즉 대략 $15{,}208{,}161$명이 있어야만 비로소 암호가 같은 두 사람이 나올 확률이 50%보다 커진다. 2007년 7월 현재 세계 인구는 $6{,}602{,}224{,}175$명으로 추정된다. 따라서 알파벳 14개로 구성된 암호를 쓰면, 암호가 일치하는 두 사람이 나올 확률이 1/2보다 커지기 위해 필요한 인원수가 세계 인구보다 훨씬 더 커진다.

풍차의
회전날개가
세 개인 이유

친구야, 그 대답은 말이야. 바람에 날아가.
_밥 딜런(가수)

영국 곳곳을 돌아다니다 보면 한적한 시골에 마치 외계인의 우주선처럼 줄지어 늘어선 현대식 풍차들이 자주 눈에 띈다. 그런 풍차들이 실제로 필요한가에 대해서는 많은 논란이 있다. 풍차는 대기오염을 줄이고 깨끗한 에너지를 생산하려는 목적으로 설치되었지만, 깨끗한 시골이나 해안에 부적절하게 설치되면 도리어 풍경오염이라는 새로운 형태의 오염을 일으킨다.

풍차 또는 오늘날의 명칭인 '풍력발전기'와 관련해서 몇 가지 흥미로운 질문을 던질 수 있다. 구식 풍차에는 날개 네 개가 X자 모양으로 달려 있었다. 반면 현대식 풍차의 날개는 대개 3개이며 항공기 프로펠러를 닮았다. 날개가 3개인 풍차(덴마크 스타일 풍차)가 대세가 된 이유는 여러 가지가 있다. 우선 3익 풍차는 4익 풍차보다 값이 싸다. 그렇다면 2익 풍차가 가장 싸지 않을까? 물론 그렇다. 그러나 2익 풍차는 난처한 속성 때문에 3익 풍차보다 안정성이 떨어진다. 날개가 2개(또는 임의의 짝수 개)인 풍차는 한 날개가 높은 곳에 수직으로 위치하여 바람에서 최대 에너지를 뽑아낼 때, 다른 날개가 낮은 곳에 수직으로 위치하여 풍차 기둥 때문에 바람을 받지 못한다. 따라서 회전날개 전체가 변형력을 받아 흔들리는 경향이 있다. 바람이 강하게 불면, 이 경향은 위험한 결과로 이어질 수 있다. 반면에 3익 풍차(또는 날개가 임의의 홀수 개인 풍차)에는 이런 문제가 없다. 세 날개들 사이의 각도는 120도이므로 한 날개가 수직 위치에 있으면, 다른 두 날개는 수직 위치에 있을 수 없다. 다른 한편, 3익 회전날개는 4익 회전날개보다 바람의 에너지를 뽑아내는 성능이 낮으므로 더 빨리 회전해야만 4익 회전날개만큼 전력을 생산할 수 있다.

풍차의 효율은 흥미로운 문제이다. 이 문제는 1919년에 독일 기술자 알베르트 베츠에 의해 처음 풀렸다. 풍차의 회전날개가 차지하는 면적이 A라고 하면, 공기는 면적 A에 속력 U로 접근하여 그보다 낮은 속력 V로 지나간다. 회전날개의 작용으로 공기의 속력이 감소하는 것이다. 이 속력 감소 덕분에 풍차는 공기에서 에너지를 뽑아낼 수 있다. 이때 회전날개에 닿는 공기의 평균 속력은 $\frac{1}{2}(U+V)$이고, 단위시간에 회전날개를 통과하는 공기의 질량은 $F = DA \times \frac{1}{2}(U+V)$(D는 공기의 밀도)이다. 따라서 풍차가 단위시간에 뽑아내는 에너지 P는 공기의 운동에너지 변화와 같다. 즉, $P = \frac{1}{2}FU^2 - \frac{1}{2}FV^2$이다. F를 $DA \times \frac{1}{2}(U+V)$로 놓고 이 등식을 다시 쓰면 다음과 같다.

$$P= \frac{1}{4} DA(U^2-V^2)(U+V)$$

다른 한편 풍차날개 없이 공기가 속력 U로 그냥 지나갈 때(V=U일 때), 공기가 지닌 에너지는 $P_0=\frac{1}{2}FU^2=\frac{1}{2}DA\times\frac{1}{2}(U+V)\times U^2=\frac{1}{2}DAU^3$이다. 이 에너지는 풍차가 뽑아낼 수 있는 최대에너지이다. 따라서 풍차가 움직이는 공기에서 에너지를 뽑아내는 효율은 P/P_0가 된다. P/P_0가 1이라는 것은 $P=P_0$, 즉 풍차의 효율이 100%임을 의미한다. 위의 P에 관한 등식과 P_0에 관한 등식을 이용하여 P/P_0을 다음과 같이 적을 수 있다.

$$P/P_0= \frac{1}{2}\{1-(V/U)^2\}\times\{1+(V/U)\}$$

이 등식은 풍차의 효율 P/P_0에 관하여 흥미로운 사실들을 알려준다. V/U가 0에 가까우면, P/P_0는 1/2에 가깝다. 반대로 V/U가 최댓값인 1에 가까우면, P/P_0는 0에 가깝다. 공기의 속력이 줄지 않았다면, 풍차가 뽑아낸 에너지가 없다는 뜻이다. 이 두 극단 사이, V/U=1/3일 때, P/P_0는 최댓값이 된다. 그 최대 효율은 16/27, 대략 59.26%이다. 이것이 움직이는 공기에서 에너지를 뽑아내는 풍차의 최대 효율에 관한 베츠의 법칙이다. 풍차의 최대 효율이 100% 미만인 까닭은 쉽게 이해할 수 있다. 만일 그 효율이 100%라면, 다가오는 공기의 운동에너지가 회전날개에 의해 전부 제거되어야 할 텐데—예컨대 풍차 대신에 단단한 원반으로 바람을 가로막으면 그렇게 될 수 있을 것이다—그렇게 되면 공기가 회전날개를 통과하지 않아서(속력 V가 0이 되어서) 회전날개가 돌지 않을 것이다. 따라서 효율 100%는 불가능하다.

실제로 우수한 풍력발전기의 최대 효율은 약 40%이다. 게다가 바람에서 뽑아낸 에너지가 전기로 바뀔 때까지 베어링과 동력전달 장치 등에서 추가로 에너지 손실이 일어나 결국 사용 가능한 풍력의 약 20%만 유용한 에너지로 바뀐다.

돛과 회전날개는 $V/U=1/3$일 때 바람에서 가장 효율적으로 에너지를 뽑아낸다. 이때 단위시간에 뽑아내는 에너지는 $P_{max}=(8/27) \times D \times A \times U^3$이다.

036 감쪽같은 말속임수의 트릭

포시와 벡스는 방문 안쪽 손잡이에 걸린
'방해하지 마시오'라는 표찰을 보고 호텔 방을 나서지 못했다.

_앵거스 디턴(영국 배우)

교묘한 마술은 정말 감쪽같아서 나중에 마술사의 설명을 듣고 놀라곤
한다. 마술사는 우리를 아주 쉽게 속인다. 우리는 코앞에서 벌어지는
속임수를 알아채지 못한다. 눈빛으로 숟가락을 구부렸다거나 공중부양
에 성공했다는 주장 앞에서 판단력을 잃기 십상이다. 가장 잘 속는 것
은 과학자들이다. 그들은 속임수에 익숙지 않아서 눈앞에 보이는 것을
거의 다 믿는다. 반면에 마술사들은 아무것도 믿지 않는다.

　속임수와 관련해서, 프랭크 모건의 이야기를 약간 변형한 수학 이야
기를 하나 소개할까 한다. 이 이야기는 말속임수의 한 예이다. 주의 깊
게 듣다 보면 무언가 사라진다. 다른 것도 아닌 귀하디귀한 돈이 사라
진다. 당신은 그 돈이 어디로 갔는지, 또는 애당초 있기는 했는지 알아

내야 한다.

여행자 세 명이 늦은 밤에 싸구려 호텔에 도착한다. 각자 지갑에 10파운드밖에 없다. 그들은 큰 방 하나를 얻어 같이 쓰기로 하고, 호텔 종업원은 숙박비 30파운드를 요구한다. 그리하여 여행자들은 각자 10파운드씩 지불한다. 그들이 가방을 운반하는 짐꾼과 함께 방으로 올라간 후에, 종업원은 호텔 사장으로부터 이메일을 받는다. 오늘밤에 묵는 손님들에게 숙박비를 특별히 25파운드로 깎아주라는 내용이다. 종업원은 돈 문제에 있어서 워낙 정직한 사람이라서 즉시 짐꾼을 불러 세 여행자의 방으로 다시 가서 그들에게 5파운드를 돌려주라고 지시한다. 짐꾼은 덜 정직한 사람인 데다 아까 여행자들에게서 팁을 받지 못했고 5파운드를 세 사람에게 나눠주는 방법도 모른다. 그래서 그는 2파운드를 '팁'으로 챙기고 세 여행자에게 1파운드씩 돌려준다. 그러므로 세 여행자 각각은 숙박비로 9파운드를 지불했고, 짐꾼은 2파운드를 챙겼다.

이 금액을 합산해보면 총 29파운드이다. 그런데 원래 여행자들이 지불한 금액은 30파운드였다. 나머지 1파운드는 어디로 갔을까? (이야기를 꼼꼼히 검토해보면, 돈이 없어지지 않았음을 알 수 있을 것이다. 최종적으로 세 여행자들이 지닌 금액은 총 3파운드, 짐꾼이 지닌 금액은 2파운드, 호텔 종업원이 지닌 금액은 25파운드로, 원래 여행자들이 지불한 금액 30파운드와 동일하다.)

037

시간여행으로 주식투자를 할 수 있다면?

난 점쟁이가 아냐! 단지 사기꾼일 뿐이라고! 진짜 예언은 못 해.
내가 이 일이 어떻게 될지 미리 알았다면, 그냥 집에 있었겠지.
_『아스테릭스와 점쟁이』(르네 고시니 글, 알베르 우데르조 그림)

시간여행 기술을 완벽하게 터득한 문명이 우주에 있다고 상상해보자. 우선 미래로 가는 여행은 전혀 논쟁거리가 아니라는 점을 명심할 필요가 있다. 우리 주변의 세계를 매우 정확하게 서술하며 물리학 실험에서 숱하게 입증된 아인슈타인의 이론은 미래로 가는 여행이 가능하다고 예측한다. 쌍둥이 형제 중 한 명이 지구에 머무는 동안 다른 한 명이 우주를 여행하고 돌아오면, 여행을 한 쌍둥이는 지구에 머문 쌍둥이보다 덜 늙은 상태로 형제를 만나게 된다. 따라서 그는 우주여행을 통해 미래로 가서 더 늙은 쌍둥이 형제를 만나는 셈이다.

요컨대 미래로 가는 시간여행을 가로막는 것은 실용적인 장애물들뿐이다. 미래로 가려면 거의 광속으로 이동해야 하는데, 그렇게 빠른 우주선을 제작할 수 있을까? 반면에 과거로 가는 시간여행은 전혀 다른 문제이다. 이 여행은 이른바 과거 바꾸기 역설을 일으킨다. 물론 흔히 거론되는 과거 바꾸기 역설들은 거의 모두 오해에 기초를 두지만 말이다. (자세한 내용은 존 D. 배로의 『무한*The Ibfinite Book*』 참조)

우리 세계의 체계적인 경제활동에 참여하는 시간여행자들이 없다는 사실을 지금부터 관찰에 입각하여 증명하겠다. 경제와 관련해서 우리가 아는 핵심적인 사실은 주가가 유동적이라는 것이다. 만일 주가가 오른다면, 시간여행자들은 미래에 수집한 주가 정보를 과거로 가져와서 가장 많이 오를 주식들에 투자할 수 있을 것이다. 그러면 그들은 전 세계 주식시장에서 엄청난 이익을 챙길 테고, 이런 일이 반복되면 시장은 혼란에 빠질 것이다. 반대로 만일 주가가 내린다면, 시간여행자들은 주식을 현재 가장 높은 가격에 팔고 미래로 가서 낮은 가격에 되살 수 있을 것이다. 그러면 그들은 그 주식을 가지고 현재로 돌아와 다시 한 번 높은 가격에 팔 수 있을 것이다. 이런 일이 반복되면, 시간여행자들은 엄청난 돈을 벌 테고 주식시장은 제대로 작동할 수 없을 것이다. 그러나 오늘날 전 세계 주식시장들을 관찰해보면, 주가는 유동적이고 시장은 잘 돌아간다. 따라서 앞에서 묘사한 방식으로 주식 거래를 하는, 미래에서 온 시간여행자들은 없다고 결론지을 수 있다. (이 논증을 처음 제시한 사람은 캘리포니아의 경제학자 마크 레인가눔이다. 보수적인 투자자들을 위해 덧붙이자면, 2007년에 1파운드를 금리 4%로 정기예금에 넣어두면 3007년에 $1 \times (1+0.04)^{1000}$=10만 8,000조 파운드를 받게 된다. 그러나 물가인상을 감안하여 추측하건대 3007년에는 이 엄청난 금액으로 고작 신문 한 부를 살 수 있을 것이다.)

카지노를 비롯한 여러 도박에도 똑같은 유형의 논증을 적용할 수 있다. 실제로 시간여행자가 돈벌이를 원한다면 주식시장보다 도박판으로 가는 것이 더 낫다. 도박판에는 세금이 없으니까 말이다. 만일 누군가 미래 경마의 우승마나 다음번에 룰렛 구슬이 멈출 칸의 번호를 안다면, 당연히 그는 떼돈을 벌 것이다. 결론적으로 카지노를 비롯한 다양한 도박이 (심지어 엄청난 이익을 내면서) 여전히 존재한다는 사실은 시간여행을 하는 도박꾼들이 존재하지 않음을 보여주는 강력한 증거이다.

이런 논증들은 매우 유치하게 느껴질 수도 있겠지만, 다양한 초자연적 인지능력을 반박하는 데도 쓸 수 있을 듯하다. 미래를 내다볼 수 있는 사람은 어마어마한 재산을 순식간에 손쉽게 모을 수 있을 것이다. 그런 사람은 매주 로또에 당첨될 수 있을 것이다. 만일 미래를 올바로 직관하는 능력이 정말로 존재한다면, 그 능력을 지닌 인간들(또는 동물들)은 진화에서 엄청나게 유리할 것이다. 그들은 위험을 미리 알 것이며 미래를 확실하게 설계할 것이다. 또한 그 능력에 대응하는 유전자는 널리 퍼지고, 머지않아 그 유전자를 지닌 개체들이 집단의 대세가 될 것이다. 그런데 주위를 둘러보면, 미래를 내다보는 사람은 매우 드물다. 이 사실은 미래를 내다보는 능력이 존재하지 않음을 보여주는 아주 강력한 증거이다.

038

잔돈을 덜 만드는 동전 체계는 무엇일까?

돈의 해악 중 하나는 돈으로 살 물건이 아니라
돈 자체를 바라보도록 유혹한다는 점이다.

_E. M. 포스터(영국 소설가)

동전은 번거롭다. 79페니짜리 물건을 사려면 지갑 속을 샅샅이 뒤져서 그 가격에 맞게 동전들을 골라내야 한다. 그러다가 포기하고 1파운드를 지불하면, 거스름돈으로 또 동전들이 돌아오고, 다음번에 동전을 지불할 때는 시간이 더 오래 걸리게 된다. 이런 질문을 던져보자. 얼마짜리 동전을 몇 개 가지고 있으면 가장 원활하게 지불할 수 있을까?

영국(그리고 유럽)에는 1, 2, 5, 10, 20, 50페니짜리 동전이 있고, 미국에는 1, 5, 10, 25센트짜리 동전이 있다. 이 동전 체계들은 이른바 '욕심쟁이 알고리즘greedy algorithm'이라는 단순한 지침에 따르면, 사용자가 100페니(센트)보다 작은 임의의 금액을 사용하기 위해 동전을 고를 때 필요한 동전의 개수가 가장 적어진다는 의미에서 '편리하다.' 욕심쟁이 알

고리즘은 우선 가장 큰 동전들을 최대한 많이 선택하고, 이어서 두 번째로 큰 동전들을 최대한 많이 선택하는 식으로 점점 더 작은 동전들을 모아 총액을 맞추는 방법이다. 만일 총액 76센트를 만들어야 한다면, 최선의 방법은 50센트짜리 하나, 25센트짜리 하나, 1센트짜리 하나를 모으는 것이다. 영국에서 76페니를 내려면, 50페니짜리 하나, 20페니짜리 하나, 5페니짜리 하나, 1페니짜리 하나를 내는 것이 최선이다. 영국 동전이 미국 동전보다 다양한데도, 이 경우에는 미국에서 동전 세 개로 될 일을 영국에서는 최소한 동전 네 개로 해야 하는 셈이다.

나는 1971년에 학교생활의 마지막 'D-데이'를 맞았다. 2월 15일이었던 그 D-데이에 영국의 동전 체계가 개혁되었다. 그 이전에 영국 화폐는 파운드, 실링, 페니로 이루어져 있었고 (역사적인 이유로) 액면가가 특이한 수많은 동전이 있었다. 1파운드는 구식 페니로 240페니였고, 내가 어릴 적에는 액면가가 1/2, 1, 3, 6, 12, 24, 30페니인 동전들이 있었다. 이 동전들은 통상 반 페니 동전, 페니 동전, 3페니 동전, 6펜스, 실링, 플로린, 반 크라운이라고 불렸다. 이 동전 체계는 욕심쟁이 알고리즘에 따르면 정해진 금액을 가장 효율적으로 구성할 수 있는 '편리성'을 지니지 않았다. 예컨대 48페니(즉, 4실링)를 욕심쟁이 알고리즘에 따라 구성하려면 30페니 하나, 12페니 하나, 6페니 하나, 총 3개의 동전이 필요하다. 그러나 24페니 두 개를 쓰면 더 효과적으로 48페니를 구성할 수 있다.

옛날에는 '그로트groat'라는 4페니짜리 동전도 있었다. 그로트까지 있는 상황에서 8페니를 구성해보자. 욕심쟁이 알고리즘에 따르면 6페니 하나, 1페니 두 개, 총 3개의 동전이 필요하지만, 더 간단하게 그로트 두 개로 구성할 수도 있다. 이런 상황은 24페니 동전이나 4페니 동전의 두 배에 해당하는 동전이 없기 때문에 발생한다. 반면에 현대 미국과 영국과 유럽의 동전 체계에서는 이런 상황이 발생할 수 없다.

오늘날의 모든 동전 체계들은 서로 유사하며, 수 1, 2, 5, 10, 20, 25, 50을 기본으로 삼는다. 그런데 이 수들을 기본으로 삼는 것이 최선일까? 이 수들은 덧셈하기가 비교적 쉽다. 하지만 일정 금액을 구성하는 데 필요한 동전의 개수를 최대한 줄이는 데도 이 수들이 최선일까?

온타리오 주 워털루에서 일하는 제프리 샬리트는 몇 년 전 미국처럼 동전 4개가 있는 체계에서 1센트에서 100센트 사이의 일정 금액을 구성하는 데 필요한 동전의 평균 개수를 동전들의 액면가를 바꿔가면서 컴퓨터로 탐구했다. 만일 현행 체계대로 동전들의 액면가를 1, 5, 10, 25로 정하면, 1센트에서 100센트 사이의 일정 금액을 구성하는 데 필요한 동전의 평균 개수는 4.7개이다. 만일 1센트짜리 동전밖에 없다면, 99센트를 구성하는 데 동전 99개가 필요할 것이고, 1센트에서 100센트 사이의 일정 금액을 구성하는 데는 평균 49.5개의 동전이 필요할 것이다. 이것은 최악의 동전 체계이다. 만일 1센트 동전과 10센트 동전만 있다면, 필요한 동전의 평균 개수는 9가 된다.

이제 흥미로운 질문은 이것이다. 현행 체계처럼 네 가지 동전을 쓰되 액면가를 달리하여 일정 금액 구성에 필요한 동전의 평균 개수를 현재(4.7)보다 낮출 수 있을까? 정답은 '그렇다'이다. 더 나은 동전 체계가 두 가지나 있다. 네 가지 동전의 액면가를 1, 5, 18, 29센트로 하거나 1, 5, 18, 25센트로 하면, 1센트에서 100센트 사이의 일정 금액을 구성하는 데 필요한 동전의 평균 개수가 3.89로 낮아진다. 가장 좋은 것은 1, 5, 18, 25센트 동전을 쓰는 체계이다. 이 체계는 현재의 10센트 동전을 18

센트 동전으로 바꾸는 작은 개혁만으로도 실현할 수 있기 때문이다.

영국과 유럽의 동전 체계에 대해서도 이와 유사한 분석을 할 수 있다. 이 체계의 효율성을 최대한 높이려면 어떤 동전을 새로 도입해야 할까? 현재 영국과 유럽에서 쓰는 동전들의 액면가는 1, 2, 5, 10, 20, 50, 100, 200이다(영국에는 1파운드 동전[액면가 100]과 2파운드 동전이 있다). 이 체계에서 1에서 500 사이의 일정 금액을 구성하는 데 필요한 동전의 평균 개수는 4.6이다. 그런데 이 체계에 액면가 133 또는 137인 동전을 추가하면, 필요한 동전의 평균 개수는 3.92로 낮아진다.

039

평균은
거짓말쟁이

세 가지 거짓말이 있다.
그냥 거짓말, 빌어먹을 거짓말, 그리고 통계.
_벤저민 디즈레일리(영국 정치가)

우리는 35장에서 풍차를 다루면서 통계와 관련한 어떤 흥미로운 사항을 무시했다. 그 미묘한 사항을 짚어볼 필요가 있다. 우리는 누구나 세가지 거짓말(디즈데일리가 경고했듯이 거짓말에는 그냥 거짓말, 빌어먹을 거짓말, 통계가 있다)이 있다는 것을 알지만, 조심해야 하는 것을 아는 것과 어디에 위험이 숨어 있는지 아는 것은 전혀 다르다. 풍력발전에 관한 교묘한 통계는 오해를 불러일으킬 수 있다. 우리는 바람에 들어 있는 에너지가 풍속의 세제곱, 즉 V^3에 비례한다는 것을 안다. 따라서 풍차가 단위시간에 생산하는 전력 P도 V^3에 비례하는데, 공기의 밀도를 비롯한 나머지 관련 양들은 변하지 않으므로 생략하고 간단히 $P=V^3$이라고 하자. 또 연간 평균 풍속은 초속 5m라고 가정하자. 그러면 풍차가 1년 동안 생산하는 전력량은 $5^3 \times 1$년=125(에너지단위)이다.

그런데 실제로 바람은 항상 평균 풍속으로 불지 않으므로 아주 간단한 풍속 변화를 감안하기로 하자. 즉, 풍속이 1년의 절반 동안 0이고 나머지 절반 동안 초속 10m라고 해보자. 그러면 연간 평균 풍속은 여전히 초속 $1/2 \times 10$=5m이다. 이 경우에 풍차가 생산하는 전력은 어떻게 될까? 1년의 절반 동안은 풍속이 0이니, 전력 생산도 0일 수밖에 없다. 나머지 절반 동안 생산되는 전력량은 $10^3 \times 1/2$년=500(에너지단위)이다. 위에서 평균 풍속만 가지고 계산한 값보다 훨씬 크다.

바람이 센 날들에 생산되는 풍부한 전력량은 바람이 없는 날들에 생산되는 빈약한 전력량을 몇 배로 보상하고도 남는다. 실제로 연간 풍속 변화는 방금 살펴본 간단한 예보다 훨씬 복잡하지만, 풍속이 평균 이상일 때 초과 생산되는 전력량이 풍속이 평균 이하일 때 기준보다 미달되는 전력량보다 훨씬 많다는 점에는 변함이 없다. 이 상황은 소위 평균 법칙을 위반하는데, 사실 평균 법칙은 법칙이 아니다. 그것은 단지 모든 차이는 결국 상쇄된다는 많은 사람들의 직관일 뿐이다. 길게 보면 득과 실이 비슷할 것이라는 직관 말이다. 그런데 이 직관은 특별한 대칭성을 지닌 무작위 변동에 대해서만 옳다. 앞의 풍력발전 문제는 그런 무작위 변동에 관한 문제가 아니며, 평균 이상의 바람이 평균 이하의 바람보다 훨씬 큰 효과를 발휘한다.

평균을 조심하라. 까딱하면 속아 넘어가니까.

040

얼마나 오래 존속할 수 있을까?

통계는 비키니와 같다.
의미심장한 것을 보여주지만 결정적인 것은 감춘다.
_아론 레벤슈타인(미국 경영학 교수)

통계는 강력한 도구이며 무언가를 공짜로 이야기해 주는 듯하다. 통계학자들은 한두 선거구 유권자들의 선택을 미리 조사하여 선거 결과를 예측한다. 문외한이 보면, 통계학자들은 증거가 거의 없는 상태에서도 결론을 도출할 수 있는 것 같다. 통계는 때때로 마법을 부리는 것처럼 보인다.

통계와 관련해서 내가 즐겨 드는 예는 미래 예측에 관한 것이다. 과거부터 현재까지 일정 시간 동안 존속한 기념물이 있다고 치자. 그 기념물이 앞으로 얼마나 오래 존속할 거라고 예상할 수 있을까? 이 질문에 답하기 위한 실마리는 다음과 같은 아주 단순한 아이디어에서 나온다. 만일 당신이 무언가를 무작위한 시점에서 본다면, 95%의 확률로 당신은 그 무언가를 전체 존속기간의 가운데 95% 동안에 보고 있을 것이다. 전체 존속기간이 1이라고 해보자. 그 존속기간의 가운데 0.95를 떼어내면, 첫머리와 끄트머리에 0.025씩이 남는다.

$$0 \quad \cdots \quad 0.025 \quad \cdots \quad A \quad \cdots \quad 0.95 \quad \cdots \quad B \quad \cdots \quad 0.025 \quad \cdots \quad 1$$

만일 당신이 시점 A에서 기념물을 보고 있다면, 그것의 미래 존속기간은 0.95+0.025=0.975이고 과거 존속기간은 0.025이다. 따라서 기념물의 미래는 과거보다 975/25=39배 길다. 마찬가지로 만일 당신이 시점 B에서 기념물을 보고 있다면, 기념물의 미래는 아주 짧아서 과거의 1/39에 불과할 것이다.

우리가 만리장성이나 케임브리지 대학과 같은 역사적인 기념물을 본다고 가정하자. 만일 그것을 보는 시점이 특별하지 않다면(우리가 그것을 보는 시점이 그것의 전체 존속기간의 첫머리나 끄트머리라고 여길 이유가 없다면) 우리는 그것의 미래 존속기간을 신뢰수준 95%로 예측할 수 있다. (이 규칙을 모든 것에 적용하고 싶은 마음이 들겠지만, 주의할 점이 있다. 어떤 사물들의 기대수명은 우연이 아닌 무언가[예컨대 생화학]에 의해 결정된다. 무작위하지 않은 과정이 변화의 시간적 규모를 결정하는 상황에 이 확률적인 미래 예측 규칙을 적용하면 최장[또는 최단] 기대수명과 관련해서 그릇된 결론이 나온다. 규칙에 따르면, 우리가 우연히 본 78세 노인은 앞으로 2년에서 3042년 더 살 것이다. 그러나 78세 노인이 앞으로 50년 넘게 살 확률은 보나마나 0이다. 요컨대 78세는 그 노인의 삶에서 무작위한 시점이 아니라 생물학적 끝점에 훨씬 가까운 시점이다. 더 자세한 논의는 http://arxiv.org/abs/0806.3538를 참조하라.)

앞의 도식에서 필요한 수들을 얻을 수 있다. 만일 어떤 기념물이 지금까지 Y년 동안 존속했고 우리가 그것을 무작위한 시점에 보고 있다면, 우리는 그것이 최소 Y/39년에서 최대 39×Y년 더 존속할 것이라고 95% 확신할 수 있다. (만일 신뢰수준을 95%가 아닌 P%로 책정한다면, 본문의 직선 도안에서 세 구간의 길이는 각각 $\frac{1}{2}\times(1-P/100)$, P/100, $\frac{1}{2}\times(1-P/100)$가 된다. [P=95이면 본문의 도안에서처럼 세 길이가 0.025, 0.95, 0.025가 됨을 확인해보라] 본문에서와 똑같이 추론하면, 우리가 시점 A에서 기념물을 보고 있다면, 그것의 미래는 과거보다 $[P/100+\frac{1}{2}\times(1-P/100)]/\frac{1}{2}\times(1-P/100)=[100+P]/[100-P]$배 길다. 따라서 그 기념물은 P% 확률로 현재 나이의 최소한 [100-P]/[100+P]배, 최대한 [100+P]/[100-P]배 존속할 것이다. P가 100에 접근하면, 예측은 점점 더 두루뭉술해진다. 신뢰수준을 높이려면 예측 범위를 넓힐 수밖에 없기 때문이다. 만일 신뢰수준을 99%로 책정한다면, 기념물은 현재 나이의 최소한 1/199배, 최대한 199배 존속할 것이라는 예측을 얻을 수 있다. 반대로 신뢰수준을 50%로 대폭 낮춘다면, 기념물의 예상 존속기간은 현재 나이의 1/3배에서 3배가 된다. 이 예측은 틀릴 가능성이 매우 큰 대신에 범위는 매우 좁다.)

2008년 현재 케임브리지 대학은 800년 존속했다. 그러므로 공식에 따라 예측해보면, 케임브리지 대학의 미래 존속기간은 95% 확률로 최소 800/39=20.5년에서 최대 800×39=31,200년이다. 미국은 1776년에 독립을 선언했다. 따라서 앞으로 미국이 독립을 유지할 기간은 95% 확률로 최소 5.7년에서 최대 8,736년이다. 인류는 지금까지 약 25만 년 동안 생존했다. 따라서 95% 확률로 인류는 앞으로 6,410년에서 975만 년 더 생존할 것이다. 우주는 137억 년 전부터 지금까지 팽창했다. 이 기간이 우주의 과거 존속기간이라면, 95% 확률로 우주는 앞으로 3억 5,100만 년에서 5,343억 년 더 존속할 것이다.

이 확률 규칙을 존속기간이 비교적 짧은 것들에 적용해보자. 내가 사는 집은 지은 지 39년 되었다. 따라서 나는 내 집이 내년에 어떤 무작위한 재난으로 무너지는 일은 없을 것이라고 95% 확신해야 마땅하고, 만일 내 집이 1,521년 존속한다면 최고 수준의 95%로 놀라야 마땅하다. 같은 규칙을 축구팀, 기업, 국가, 정당, 패션, 연극, 미래 예측 등에도 적용할 수 있다.

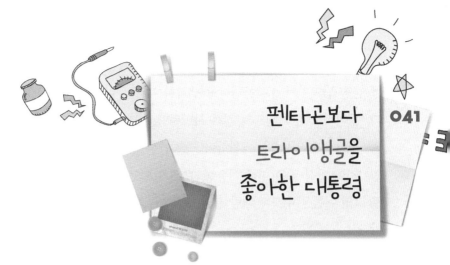

펜타곤보다 트라이앵글을 좋아한 대통령

041

트라이앵글을 연주하는 데는
특별한 능력이 필요하지 않은 것 같다.
_위키피디아 트라이앵글 항목

제임스 가필드는 미국의 20대 대통령이다. 당신은 아마 그에 대해서 아무것도 모를 것이다. 그가 1881년 7월 2일에 어느 불행한 국민이 쏜 총에 맞았다는 것 정도는 혹시 알 수도 있겠지만 말이다. 그 국민은 연방 우체국에 취직하려다 실패한 인물이었고, 취임한 지 겨우 4개월 만에 총을 맞은 가필드는 10주 후에 사망했다. 기이하게도 가필드에게 치명상을 입힌 총알은 그의 몸속에서 발견되지 않았다. 그 총알을 찾을 목적으로 알렉산더 그레이엄 벨에게 금속 탐지기 개발을 지시하기까지 했는데도 말이다. 벨은 금속 탐지기를 개발하는 데 성공했지만, 그의 장치는 별로 효과가 없었다. 아마 가필드가 백악관에서 사용한 침대의 틀이 당시로서는 희귀한 철제 틀이었기 때문일 것이다. 그 틀 때문에 금속 탐지기가 오작동한다고 생각한 사람은 아무도 없었던 모양이다. 돌이켜보면, 가필드의 진짜 사망원인은 부주의한 의료행위로 간에 뚫린 구멍 때문이었다. 그리하여 그는 암살당한 미국 대통령 제2호, 재임기간이 가장 짧은 미국 대통령 제2위가 되었다. 이 슬픈 사연과 별개로 그의 이름은 수학에 대한 그의 특별한 기여 덕분에 조촐하게 살아남았다.

1856년에 윌리엄스 칼리지를 졸업한 가필드는 원래 수학교사가 되려 했다. 가필드는 잠시 고전을 가르쳤고 교장이 되려 했으나 꿈을 이루지 못했다. 이후 강한 애국심과 뚜렷한 소신에 이끌려 공직으로 눈을 돌려 3년 뒤에 오하이오 주 상원의원으로 선출되었고 1860년에 변호사 자격을 얻었다. 그리고 1861년에 의사당을 떠나 군에 입대했고 승진하여 소장이 된 후 2년 만에 전역하여 하원의원이 되었다. 그는 17년 동안 하원의원을 지낸 뒤 1880년에 공화당 대통령 후보가 되어 모든 미국인을 위해서 교육을 향상시키겠다는 공약으로 민주당 후보 윈필드 행콕을 간발의 차이로 제치고 승리했다. 하원의원이었다가 곧바로 대통령에 당선된 사람은 현재까지도 가필드가 유일하다.

가필드의 가장 흥미로운 업적은 정치와 무관하다. 그는 하원의원 시절 동료의원들과 다양한 주제에 대해 대화하는 것을 좋아했다. 1876년에 가필드는 동료들을 즐겁게 해주기 위해 피타고라스 정리에 대한 새로운 증명을 제시했다. 나중에 그는 그 증명을 『뉴잉글랜드 교육 저널』에 발표하면서 다음과 같이 언급했다. "우리는 상·하원의 의원들이 정당의 구분 없이 이 증명에 동의할 수 있다고 생각한다."

수학자들은 가필드의 시대까지 2,000년 넘게 학교에서 피타고라스 정리를 가르쳤지만 대개 유클리드가 기원전 300년경 알렉산드리아에서 쓴 『기하학원론』에 제시된 증명에 머물렀다. 그런데 그 증명은 최초의 것이 아니었다. 이미 바빌로니아인과 중국인이 훌륭한 증명을 했고, 이집트인은 피타고라스 정리를 모험적인 건설 작업에 활용했다. 가필드의 증명은 수백 년에 걸쳐 발견된 모든 피타고라스 정리 증명들 가운데 가장 단순하고 이해하기 쉬운 편에 속한다.

세 변이 a, b, c인 직각삼각형을 생각해보자. 이 직각삼각형의 복사본을 하나 만들자. 이제 똑같은 직각삼각형 두 개를 아래 그림처럼 변 a와 b가 직선을 이루도록 배열하고, 반대쪽으로 뾰족하게 튀어나온 두 꼭짓점을 연결하여 사다리꼴을 만들자. 사다리꼴은 한 쌍의 변이 서로 평행인 사각형이다.

가필드의 증명에 등장하는 아래의 사다리꼴은 삼각형 3개로 구성된다. 그것들은 애초에 있던 삼각형과 그것의 복사본, 그리고 뾰족하게

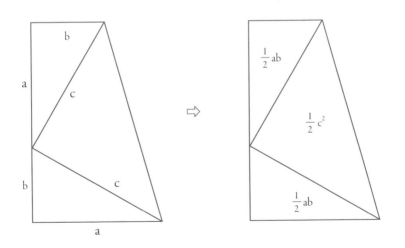

튀어나온 두 꼭짓점을 연결할 때 생겨난 삼각형이다. 가필드는 이 사다리꼴의 면적을 두 가지 방식으로 구해보라고 요구한다. 첫째, 사다리꼴의 면적은 높이에 평균 폭을 곱하면 나온다.

즉, 높이 a+b에 평균 폭 $\frac{1}{2}$(a+b)를 곱하면, 면적 $\frac{1}{2}$(a+b)²이 나온다. 둘째, 사다리꼴의 면적은 세 직각삼각형의 면적의 합이다. 즉, 앞의 그림에서 보듯이 $\frac{1}{2}$ab+$\frac{1}{2}$c²+$\frac{1}{2}$ab이다.

앞의 두 면적은 일치해야 하므로 다음 등식을 얻을 수 있다.

$$\frac{1}{2}(a+b)^2 = ab + \frac{1}{2}c^2$$

좌변을 풀면 다음과 같다.

$$\frac{1}{2}(a^2+b^2+ab) = ab + \frac{1}{2}c^2$$

양변에 2를 곱하고 ab를 빼면 다음 등식이 나온다.

$$a^2+b^2=c^2$$

이로써 피타고라스 정리가 증명되었다.

대통령 후보 텔레비전 토론에서 당선 가능성이 있는 모든 후보에게 이 증명을 제시하라고 요구하자.

042

카드와 바코드 속 암호 풀기

> 누구든지 이 표를 가진 사람이 아니면,
> 아무도 팔거나 사거나 할 수 없게 하였습니다.
>
> _〈요한계시록〉 13장 17절

암호code는 첩보원이나 전쟁하고만 관련이 있을까? 그렇지 않다. 암호는 우리 주변 곳곳에 있다. 신용카드, 수표, 지폐, 심지어 이 책의 표지에도 있다. 암호의 전통적인 기능은 자격 없는 사람이 메시지를 읽지 못하게 만드는 것이다. 그러나 암호는 다른 용도에도 쓰인다. 데이터베이스는 악의적인 공격뿐 아니라 의도하지 않은 손상으로부터도 보호될 필요가 있다. 만일 상인이 당신의 신용카드 번호를 잘못(예컨대 43을 34로, 또는 899를 889로) 입력하면, 당신이 내야 할 대금을 다른 누군가가 내는 일이 벌어질 수 있다. 사업자등록번호, 항공권 번호, 여권번호 등을 잘못 입력하면 심각한 혼란이 발생할 수 있다.

상업계에서는 이 문제에 대비하여 중요한 번호들을 교묘하게 설정하여 그것들을 제대로 입력했는지 여부를 즉석에서 점검할 수 있게 하는 방법을 개발해왔다. 예컨대 신용카드 번호가 유효한지를 검사하는 서로 비슷한 방법들이 있다. 거의 모든 카드회사들은 IBM이 12자리 또는 16자리 신용카드 번호를 보호하기 위해 도입한 방법을 쓰는데, 그 검사 과정을 사람이 수행하기는 약간 지루하다. 그러나 기계는 순식간에 그 과정을 수행하여 입력 실수나 유치한 위조로 엉뚱한 숫자들이 들어간 카드 번호를 걸러낼 것이다.

다음과 같은 비자카드 번호를 생각해보자.

4000 1234 5678 9314

우선 왼쪽부터 오른쪽으로 홀수 번째 수들을 뽑아 2를 곱하자. 그러면 8, 0, 2, 6, 10, 14, 18, 2를 얻을 수 있다. 두 자릿수(예컨대 10, 14, 18)가 나온 경우에는 첫째 자릿수와 둘째 자릿수를 더하자. 이 조작은 (결과로 1, 5, 9가 나오므로) 원래 수에서 9를 빼는 것과 같다. 결과적으로 우리가 얻은 수들은 8, 0, 2, 6, 1, 5, 9, 2이다. 이제 이 수들과 제쳐두었던 짝수 번째 수들(0, 0, 2, 4, 6, 8, 3, 4)을 모두 더하자. 즉, 다음과 같이 덧셈을 하자(홀수 번째 수들과 짝수 번째 수들을 교대로 배치했다).

8+0+0+0+2+2+6+4+1+6+5+8+9+3+2+4=60

카드 번호가 유효하려면 이 덧셈의 결과가 10으로 나누어떨어져야 한다. 이 경우에는 실제로 그러하다. 반면에 카드 번호가 4000 1234

5678 9010이라면, 동일한 계산의 결과가 53이어서 10으로 나누어떨어지지 않는다. 이 절차를 통해서 거의 모든 신용카드 번호의 유효성을 검사할 수 있다.

이 검사 방법은 단순한 입력 및 인식 오류를 많이 걸러낸다. 숫자 하나가 틀린 경우는 모조리 걸러내고, 인접한 숫자들의 순서가 바뀐 경우는 거의(90이 09로 바뀐 경우는 걸러내지 못한다) 걸러낸다.

우리가 매일 보는 (하지만 슈퍼마켓 계산원이 아니라면 완전히 무시하는) 바코드인 세계상품코드UPC에도 검사숫자check-digit가 들어 있다. UPC는 1973년 식료품에 처음 쓰인 이후 거의 모든 상품으로 확산되었다. 이 바코드는 레이저 스캐너로 쉽게 읽을 수 있는 선들로 표현된 12자리 숫자이며 네 부분으로 이루어졌다. 선들 아래에 한 자리 숫자, 다섯 자리 숫자, 다섯 자리 숫자, 한 자리 숫자가 적혀 있다. 예를 들어 지금 내 책상 위에 놓인 디지털카메라 상자에 인쇄된 UPC 숫자는 다음과 같다.

0 74101 40140 0

첫 번째 숫자는 상품의 종류를 나타낸다. 0, 1, 6, 7, 9는 모든 종류의 상품에 쓰이지만, 2는 무게 단위로 파는 치즈, 과일, 야채 등에 쓰이고, 3은 약, 4는 상점의 할인카드 등과 연계된 상품, 5는 쿠폰 등과 연계된 상품에 쓰인다. 다음 다섯 자리 숫자는 생산자, 위의 예에서는 '후지'사를 나타낸다. 그다음 다섯 자리 숫자는 가격을 제외한 크기, 색상, 특징 따위의 상품 정보이다. 그리고 마지막 숫자(위의 예에서 0)가 검사숫자이다.

때때로 검사숫자는 따로 인쇄되지 않고 선들로만 표시된다. UPC 검사숫자를 계산하는 방법은 다음과 같다. 먼저 홀수 번째 숫자들을 더하라(0+4+0+4+1+0=9). 그 결과에 3을 곱하고(9×3=27) 짝수 번째 수들을 더하라(27+7+1+1+0+4+0=40). 이 결과를 10으로 나눈 나머지가 0이면 검사숫자는 0, 0이 아니면 검사숫자는 10에서 그 나머지를 뺀 값이다.

이제 선들을 설명하겠다. 맨 앞 숫자와 맨 뒤 숫자(우리의 예에서 0과 0) 사이의 공간은 두 구역으로 나뉘며, 각 구역은 검은 선과 흰 선으로 채워져 있다. UPC 바코드의 양끝에는 굵기가 똑같은 '울타리 바guard bar'가 있다. 이것들은 바코드의 선과(바와) 여백의 굵기가 어떻게 설정되어 있는지 알려준다. 바코드 중앙에도 울타리 바가 있어서 생산자 표시와 상품 정보를 구분해준다. 그 외에 울타리 바에 담긴 정보는 없다. 위치와 굵기가 다양한 선들은 0과 1로 된 이진수인데, 그 수의 홀수 번째 자리 숫자들은 생산자 정보를 나타내고 짝수 번째 자리 숫자들은 상품정보를 나타내는 데 쓰인다. 따라서 두 정보의 혼동이 방지되고 스캐너가 바코드를 어느 방향으로 읽든 무방하게 된다. 주위의 바코드를 유심히 들여다보라. 세상은 당신의 생각처럼 단순하지 않다.

'티'는 발음이 안 나요. '할로우'에서와 마찬가지로요.

_마고 애스퀴스(영국 사교계의 명사)가

자신의 이름을 잘못 발음한 진 할로우(미국 배우)에게 한 말

타인이 전화로 불러주는 이름을 받아적어 본 독자라면 이름을 정확하게 적기가 얼마나 까다로운지 알 것이다. 대개 사람들은 확신이 서지 않으면 상대방에게 철자를 물어본다. 내 박사논문을 지도한 분은 데니스 샤마Dennis Sciama 교수였다. 그는 특이한 성을 가진 탓에 가끔 그를 모르는 사람과 전화할 때는 꽤 오랫동안 '샤마'의 철자를 불러주곤 했다.

어떤 이름들은 발음이 동일한데도 표기가 다른데, 우리는 종종 그런 이름을 함께 모아 정리할 필요를 느낀다. 이 필요에 부응하여 고안된 가장 오래된 체계로 사운덱스 발음 시스템Soundex phonetic system이 있다. 이 시스템은 1918년에 미국인 로버트 러셀과 마가릿 오델에 의해 발명되었고, 그 후 여러 번 작은 수정을 거쳤다. 원래 이 시스템은 구두로

수집한 인구 데이터의 질을 향상하는 데 쓰였지만 나중에는 항공사와 경찰 및 공연 예매창구에서도 쓰이게 되었다.

이 시스템의 기본 발상은 'Smith(스미스)'와 'Smyth(스미스)', 'Ericson(에릭슨)'과 'Erickson(에릭슨)'처럼 발음은 같고 표기만 약간 다른 이름들을 똑같은 부호로 나타내서 한 이름을 입력하면 발음이 같은 다른 이름들까지 볼 수 있도록 하는 것이다. 그런 부호 시스템은 친척이나 조상을 찾을 때, 특히 약간 변형되었을 가능성이 있는 외래 성을 지닌 이민자들이 친척이나 조상을 찾을 때 유용할 것이다. 따로 일일이 찾아야 하거나 생각하지도 못했던 유사한 이름들까지 자동으로 보여줄 테니 말이다. 사운덱스 발음 시스템은 다음의 규칙에 따라 이름을 부호화한다.

1. 이름의 첫 철자는 그냥 그대로 기록한다.
2. 그 밖에 모든 철자들 중에서 a, e, i, o, u, h, y, w를 제거한다.
3. 남은 철자들을 다음과 같이 숫자로 바꾼다.

   b, f, p, v는 1로

   c, g, j, k, q, s, x, z는 2로

   d와 t는 3으로, l은 4로

   m과 n은 5로, r은 6으로 바꾼다.

4. 동일한 숫자가 두 개 이상 연달아 나오면 한 개만 남기고 나머지는 제거한다.
5. 남은 숫자들의 처음 3개를 기록한다. 만일 남은 숫자들이 2개 이하라면 끄트머리에 0을 필요한 만큼 채워 넣어 3개로 만든다.

내 이름은 'John(존)'이다. 위 규칙들을 적용하면, 'John'은 우선 'Jn'(규칙 1과 2에 따라서)이 되고, 이어서 'J5'(규칙 3에 따라서)가 되고, 최종적으로 'J500'으로 기록된다. 만일 당신의 이름이 'Jon(존)'이라면, 당신 역시 'J500'으로 기록될 것이다. 'Smith'와 'Smyth'는 모두 S530이 된다. 'Ericson', 'Erickson', 'Eriksen', 'Erikson'은 모두 E625가 된다.

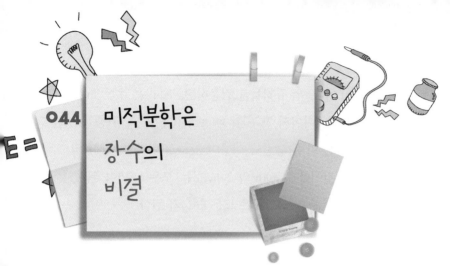

044

미적분학은 장수의 비결

> 나는 수학교사로서 수학이 인생과 직결된다는 점을
> 깨닫는 것이 학생들에게 얼마나 중요한지 잘 안다.
> 내가 보기에 시체 처리와 관련한 과학은
> 그 중요한 깨달음을 선사할 신선하고 훌륭한 기회이다.
> 사실 인생에서 죽음만큼 보편적인 것이 또 있겠는가?
> 부패 속도와 미라 제작에 대해서 배우고 난 학생들은
> 다시 미적분학 공부를 하고픈 열정이 용솟음치는 듯하다.
> _스위니 토드먼 교수, 『수학장의사Mathemorician』

아마추어와 프로의 차이는 무엇일까? 아마추어는 좋아하는 것만 연구할 자유가 있는 반면 프로는 좋아하지 않는 것도 공부해야 한다는 점이다. 따라서 수학 교육은 학생들이 힘들어하는 내용도 일부 다루게 마련이다. 이는 큰 뜻을 품은 육상선수에게 찬 겨울비를 맞으며 몇 시간씩달리는 고된 훈련이 필수적인 것과 마찬가지다. 학생들이 복잡하고 재미없는 미적분학을 왜 배워야 하냐고 물으면, 나는 러시아 물리학자 조지 가모브가 들려준 이야기를 해주곤 했다. 그 이야기는 가모브의 기발한 자서전 『나의 세계선My World Line』에 등장하는데, 가모브의 친구인 이고르 탐의 놀라운 경험에 관한 것이다. 탐은 블라디보스토크 출신으로 1958년에 이른바 '체렌코프 효과'를 발견한 공로로 노벨물리학상을 받

앉다.

러시아 혁명기에 탐은 우크라이나 오데사 대학에서 물리학을 가르치는 젊은 교수였다. 도시에 식량이 부족했으므로 그는 공산주의자들이 통제하는 인근 농촌으로 가서 은수저를 닭과 같은 식량과 교환하려 했다. 그런데 갑자기 총과 폭발물로 무장한 반공산주의 집단이 농촌을 점령했다. 그들은 옷차림이 도시풍인 탐을 수상하게 여겨 우두머리에게 데려갔고, 우두머리는 탐의 정체와 직업을 물었다. 탐은 그저 식량을 구하러 온 대학교수일 뿐이라고 대답했다.

"무슨 교수인가?" 우두머리가 물었다.

"수학을 가르칩니다." 탐이 대답했다.

"수학?"이라고 반문한 우두머리가 이렇게 덧붙였다. "좋아! 그럼 매클로린의 급수Maclaurin's series를 n번째 항에서 끊으면 얼마나 큰 오차가 발생하는지 말해 봐. (매클로린 급수는 함수 $f(x)$를 다항식으로 근사한 결과이다. 탐은 다음 등식을 적었을 것이다. $f(x)=f(0)+xf'(0)+\cdots x^n f^{(n)}(0)/n!+R_n$. 이 등식의 우변이 매클로린 급수이고, R_n은 $f(x)$를 매클로린 급수의 n번째 항까지로 근사했을 때 발생하는 오차 혹은 나머지이다. 탐이 알아내야 했던 그 나머지 항은 $R_n=\int_0^x x^n\,f^{(n+1)}(t)/n!\,dt$로 계산할 수 있다. 만일 그 우두머리가 정말 특이한 인물이었다면, 이 식을 더 단순화하라고 요구했을 것이다. 평균값 정리를 이용하면 다음을 얻을 수 있다. $R_n=x^{n+1}f^{(n+1)}(y)/(n+1)!$ 이때 y는 0과 x 사이의 특정 값이다. 콜린 매클로린은 아이작 뉴턴과 같은 시대의 스코틀랜드 사람이다.) 옳게 말하면 풀어주겠다. 하지만 틀리면 총살이다!"

탐은 적잖이 놀랐다. 그는 총구 앞에서 약간 긴장했지만 문제의 답을 구할 수 있었다. 그 문제는 대학 미적분학 초급 과정에 나오는 까다로운 문제들 중 하나였다. 그는 반공산주의자 우두머리에게 답안지를 내

밀었고, 우두머리는 꼼꼼히 답안을 살핀 뒤에 이렇게 말했다. "정답이야! 집에 가라!"

탐은 그 이상한 우두머리가 누구인지 끝내 알아내지 못했다. 아마 그는 결국 어디에선가 수학교수가 되었을 것이다.

045

퍼덕이는 동물들의 공통 인자

고대에 하늘을 난 두 사람은 스스로 날개를 구했다.
다이달로스는 안전하게 중간 높이로 비행하고 착륙하여 정당한 명예를 얻었다.
이카로스는 날개의 밀랍이 녹을 때까지 태양을 향해 솟구쳤고 결국 파멸했다.
고전 작가들은 이카로스가 '허세를 부렸을 뿐'이라고 말한다.
그러나 나는 그를 당대의 비행기계들이 지닌
심각한 구조적 결함을 들춰낸 인물로 생각하고 싶다.

_아서 S. 에딩턴(영국 천문학자)

많은 것이 퍼덕거리면서 돌아다닌다. 새와 나비는 날개를 퍼덕이고, 고래와 상어는 꼬리를, 물고기는 지느러미를 퍼덕인다. 이 모든 퍼덕임에서 세 가지 주요 요소가 운동의 효율성을 결정한다. 첫째 요소는 크기다. 큰 생물일수록 힘이 더 세고 날개나 지느러미가 커서 더 많은 공기나 물을 휘저을 수 있다. 둘째 요소는 속력이다. 생물이 날거나 헤엄치는 속력은 생물이 주변 매질을 휘젓는 속력과 매질이 발휘하는 저항력을 반영한다. 셋째 요소는 생물이 날개나 지느러미를 퍼덕이는 횟수이다. 그런데 혹시 다양한 새와 물고기의 운동을 전부 아우를 수 있는 어떤 인자가 있을까?

당신도 아마 짐작하겠지만, 그런 인자가 있다. 비행이나 수영과 같은 현상의 다양한 예들이 있는데, 그것들이 세부적으로는 다르지만 기본적으로 유사할 때, 과학자와 수학자는 흔히 순수한 수로 표현되는 어떤 양을 기준으로 그 예들을 분류하려 한다. 순수한 수로 표현되는 양이라 함은 질량이나 속력(거리 나누기 시간)처럼 단위가 있는 양이 아니라 단위가 없는 양이라는 뜻이다. 단위가 없는 양은 측정 단위들이 바뀌어도 변하지 않는다. 예컨대 거리의 단위를 미터에서 마일로 바꾸면 거리수치는 10,000에서 6.21로 바뀌지만, 두 거리의 비율(이를테면 이동거리를 보폭으로 나눈 값)은 두 거리를 동일한 단위로 측정하는 한 변하지 않는다.

앞에서 언급한 세 가지 주요 요소, 즉 단위시간당 퍼덕임 횟수 f, 퍼덕임의 크기 L, 이동속력 V를 조합하여 단위가 없는 양을 얻는 방법이 하나 있다. (f의 차원은 1/시간, L의 차원은 길이, V의 차원은 길이/시간이므로, fL/V는 차원이 없는 순수한 수이며 단위가 없다.) 그 조합은 fL/V이며, 프라하 찰스 대학의 체코인 물리학자 빈첸크 스트롤(1850~1922)의 이름을 따서 '스트롤 수Strouhal number'라고 한다.

2003년에 옥스퍼드 대학의 그레이엄 테일러, 로버트 너즈, 에이드리언 토머스는 날거나 헤엄치는 동물들이(사냥감을 덮치거나 포식자를 피하려고 잠깐 동안 급격하게 움직일 때가 아니라) 순항할 때의 스트롤 수(St=fL/V)를 탐구했다. 다양한 동물들의 스트롤 수는 상당히 좁은 범위를 벗어나지 않았다. 동물들이 겪은 진화의 역사는 매우 다양하지만, 그 결과는 상당히 유사하다는 사실이 드러난 것이다. 테일러 등은 매우 많은 동물을 탐구했는데, 이 중에서 피상적인 다양성 아래의 심층적인 통일성을 보기 위해서 몇 가지 동물만 살펴보기로 하자.

날아가는 새의 경우, f는 1초 동안 날개를 퍼덕이는 횟수, L은 날개가 움직이는 폭, V는 비행속력일 것이다. 황조롱이는 평균적으로 f가 약 5.6회/s, L이 약 0.34m, 비행속력이 8m/s이므로, St(황조롱이)=(5.6×0.34)/8=0.24이다. 평범한 박쥐는 V=6m/s, L=0.26m, f=8회/s이므로, St(박쥐)=(8×0.26)/6=0.35이다. 똑같은 계산을 새와 박쥐와 곤충 42종에 대해서 해보면, St 값이 항상 0.2~0.4로 나온다. 테일러 등은 바다동물들도 탐구하여 동일한 결과를 얻었다.

그 후에 샌디에이고의 짐 로어와 펜실베이니아 주 웨스트 체스터의 프랭크 피시는 더 광범위한 연구를 수행했다. 이들은 물고기, 상어, 돌고래, 고래를 탐구하여 스트롤 수가 0.23에서 0.28인 동물이 가장 많고(44%) 날아다니는 새에서 얻은 결과와 마찬가지로 모든 동물의 스트롤 수가 0.2에서 0.4인 것을 발견했다.

인간의 스트롤 수도 생각해보자. 수영을 아주 잘하는 일반인은 100m를 60초에 주파한다. 즉 V=100/60=5/3m/s이다. 또 100m를 헤엄치는 동안 팔을 휘젓는 횟수는 약 54회, 따라서 f=0.9회/s이며, 물속에서 팔이 움직이는 범위 L은 대략 $\frac{2}{3}$m이다. 따라서 St(수영하는 인간)=$(0.9 \times \frac{2}{3})$÷$\frac{2}{3}$=0.36이다. 요컨대 통념과 달리 인간은 새나 물고기와 꽤 비슷한 셈이다. 그러나 세계에서 가장 놀라운 수영선수라고 할 만한 오스트레일리아의 장거리 수영 스타 셸리 테일러 스미스는 예외이다. 그녀는 세계 수영 마라톤에서 7회 우승했는데, 바다에서 70km를 20시간 안에 주파했고, 평균 스트로크 횟수가 분당 88회였다. 유효 스트로크 길이는 무려 1m나 되었다. 따라서 그녀의 스트롤 수는 놀랍게도 1.5이었다. 평범한 동물과 인간을 초월한 인어의 수준이라고 해야 할 것 같다.

046

가능한 우편번호의 가짓수

근처에 있는 실용 농담 가게를 보려면
당신의 우편번호를 입력하세요.
_영국 실용 농담 가게

삶은 매번 번호에 의해 규정되는 경우가 많아서, 우리는 개인식별번호PIN, 계좌번호, 비밀번호, 사업자등록번호, 각종 기관과 부서의 고유번호 등을 외우곤 한다. 이런 식으로 온갖 번호를 사용하다 보면 숫자가 남아나지 않겠다는 걱정이 들 정도이다. 가장 친숙한 번호 중 하나인 우편번호는 우리를 지리적으로 규정한다. 우리 집 우편번호는 CB3 9LN이다. 이 번호와 우리 집의 번지수를 적으면 우편물이 정확히 배달된다. 보통 우리는 정보를 보충하기 위해서 또는 인간적으로 살고 싶어서 도시와 도로의 이름을 추가로 적지만 말이다. 우리 집 우편번호는 영국의 거의 모든 우편번호와 마찬가지로 문자 네 개와 숫자 두 개로 이루어져 있다. 이런 형태의 우편번호가 얼마나 다양할 수 있는지 따져보도록 하자. 이런 우편번호를 만들려면, A에서 Z까지 26개의 문자 중 하나를 선택하기를 네 번 반복해서 문자 네 개를 고르고, 0에서 9까지 10개의 숫자 중 하나를 선택하기를 두 번 반복해서 숫자 두 개를 골라야 한다. 문자들과 숫자들이 각각 독립적으로 선택된다고 전제하면, 가능한 우편번호의 가짓수는 $26 \times 26 \times 10 \times 10 \times 26 \times 26 = 45,697,600$, 대략 4,600만 개이다. 영국의 가구 수는 현재 2,600만 가구 남짓(약 26,222,000가구)으로 추정되며 2020년에는 2,850만 가구로 늘어날 것으로 예측된다. 그러므로 비교적 간단한 현재의 우편번호 체계로도 영국의 모든 가구 각각에 고유한 우편번호를 부여할 수 있다.

만일 개인 각각에 우편번호를 부여하려 한다면, 현재의 체계로는 부족하다. 2006년 현재 영국 인구는 약 6,050만(60,587,000)으로 추정되어 가능한 우편번호 가짓수보다 훨씬 많았다. 영국의 국민보험번호National Insurance number는 개인 우편번호와 비슷하다. 여러 기관들은 국민보험번호를 이용하여 우리 각각을 식별한다. 그 번호는 'NA 123456 Z'처럼 숫자 6개와 문자 3개로 되어 있다. 가능한 국민보험번호의 가짓수를 다음의 곱셈으로 쉽게 계산할 수 있다.

$$26 \times 26 \times 10 \times 10 \times 10 \times 10 \times 10 \times 10 \times 26$$

결과는 175억 7,600만으로 영국 인구보다 훨씬 많다. (2050년의 예상 인구 7,500만보다도 훨씬 많다) 심지어 현재 전 세계 인구도 66억 5,000만에 불과하고, 2050년 전 세계 예상 인구도 90억에 불과하다. 써먹을 번호들은 아직 많이 남아 있다.

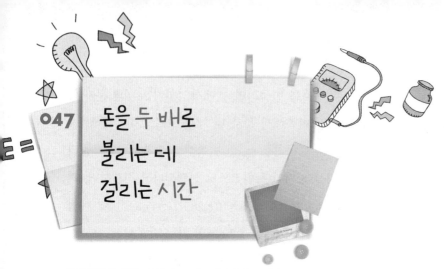

047

돈을 두 배로 불리는 데 걸리는 시간

투자 상품의 가치는 오를 수도 있고 내려갈 수도 있다.
_영국 소비자를 위한 재정적 조언

최근에 당신은 투자 상품의 가치가 내려갈 수 있을 뿐 아니라 곤두박질칠 수도 있음을 깨달았다. 그리하여 당신은 위험한 투자에서 손을 떼는 대신에 예금을 하기로 했다고 가정하자. 예금 금리는 고정되어 있거나 느리게 변한다. 당신의 돈이 두 배로 불어나려면 얼마나 오랜 시간이 필요할까? 물론 이 세상에 죽음과 세금만큼 확실한 것은 없지만, 당신의 수명이나 금융 소득에 대한 세금은 잠깐 잊어버리고 간단한 어림규칙을 세워서 당신의 돈이 두 배가 되는 데 걸리는 시간을 계산해보자.

금액 A를 연리 r(이자율이 5%라면 r=0.05)로 예금한다고 해보자. 1년이 지나면 당신의 돈은 $A \times (1+r)$로 불어나고, 2년이 지나면 $A \times (1+r)^2$, 3년이 지나면 $A \times (1+r)^3$으로 불어난다. 일반적으로 n년이 지나면, 당신의 돈은 $A \times (1+r)^n$으로 불어난다. 이 금액이 투자 원금의 두 배, 즉 2A와 같으려면, $(1+r)^n = 2$가 되어야 한다. 등식 양변에 자연로그를 취하고, 근사적으로 $\ln(2) = 0.69$이고 r이 1보다 훨씬 작을 때(실제로 현재 영국에서 r은 0.05~0.06이므로 1보다 훨씬 작다) $\ln(1+r)$이 r과 같음을 감안하면, 당신의 투자 원금이 두 배로 불어나는 데 걸리는 연수 n은 간단히 $n = 0.69/r$로 계산할 수 있다. 0.69를 반올림하여 0.7로 바꾸고, 연리를 %로 나타낸 값 R(R=100r)을 써서 위 등식을 다시 쓰면 다음과 같은 편리한 규칙을 얻을 수 있다. (이 근사는 연리 r이 아주 낮을 때 가장 잘 맞는다. 더 정확한 근사를 원한다면, $\ln(1+r)$을 $r - \frac{r^2}{2}$로 근사하여 $n = 0.7/r(1 - \frac{1}{2}r)$을 얻을 수 있다. 이 공식에 따르면 연리가 5% 즉 r=0.05일 경우, 투자 원금이 두 배로 불어나는 데 걸리는 연수는 14년이 아니라 14.36년이다.)

$$n = 70/R$$

이 규칙은 예컨대 R이 7%일 경우 투자 원금이 두 배로 불어나려면 약 10년이 걸림을 알려준다. 반면에 R이 3.5%라면, 투자 원금을 두 배로 불리는 데 20년이 필요하다.

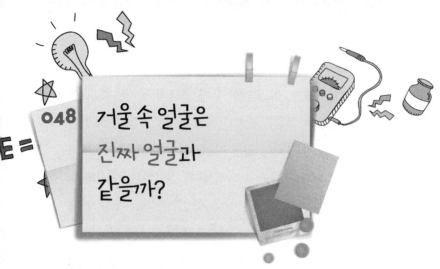

048 거울 속 얼굴은 진짜 얼굴과 같을까?

다음 순간, 앨리스는 유리를 통과하여
거울 방에 사뿐히 내려앉았어요.
_루이스 캐럴(『이상한 나라의 앨리스』의 저자)

자기 얼굴을 직접 본 사람은 아무도 없다. 다들 거울에 비친 자기 얼굴을 볼 수 있을 뿐이다. 그 얼굴은 진짜 얼굴과 같을까? 간단한 실험으로 확인할 수 있다. 욕실의 거울에 김이 서리게 만든 다음에 거울에 비친 당신 얼굴 둘레로 원을 그려라. 그 원의 지름을 측정하여 당신 얼굴의 실제 크기와 비교하라. 거울 속 얼굴의 크기는 언제나 실제 얼굴의 1/2일 것이다. 당신이 거울에서 얼마나 멀리 떨어져 있든 상관없이, 거울 속 얼굴은 항상 실제 얼굴의 절반 크기이다.

아마 예상 밖일 것이다. 우리는 면도를 하거나 머리를 빗을 때 거울에 비친 우리 모습에 너무나 익숙해져서, 실제와 거울 속 이미지가 무척 다름을 인식하지 못한다. 이 상황과 관련된 광학은 이상할 것이 전혀 없다. 우리가 평면거울을 볼 때, 우리 얼굴의 '가상' 이미지는 거울과 우리 사이의 거리와 똑같은 거리만큼 거울 '뒤'에 형성된다. 따라서 거울은 항상 우리와 '가상' 얼굴 사이의 중간 위치에 놓인다. 빛이 거울을 뚫고 들어가서 이미지를 형성하는 것은 물론 아니다. 단지 우리가 거울을 보면, 빛이 거울 뒤의 가상 얼굴에서 나오는 것처럼 보일 뿐이다. 당신이 거울을 향해 걸어가면, 당신의 이미지는 당신이 걷는 속력의 두 배로 당신에게 다가오는 것처럼 보인다.

거울 속 이미지의 또 다른 이상한 특징은 좌우가 뒤바뀌는 것이다. 당신이 오른손에 칫솔을 들고 거울 앞에 서면, 거울 속의 당신은 왼손에 칫솔을 든 것처럼 보인다. 요컨대 좌우 역전이 일어난다. 그러나 상하 역전은 일어나지 않는다. 당신이 손거울에 비친 당신의 모습을 보면서 손거울을 시계방향으로 90도 돌리면 당신의 이미지는 변하지 않는다.

그런데 당신이 투명종이에 글씨를 써서 가슴 앞에 들고(글씨를 쓴 면이 당신을 향하도록 하여) 거울 앞에 선다면 사정이 달라진다. 이때는 글씨의 좌우가 바뀌지 않는다. 당신은 투명종이에 있는 글씨와 똑같이 나타난 거울 속 글씨를 쉽게 읽을 수 있을 것이다. 만일 종이가 불투명하다면, 거울 속에 글씨가 나타나지 않을 것이다. 사실 거울은 물체의 뒷면을 보여준다. 물체의 앞면을 거울로 보려면, 물체를 수직 축을 중심으로 180도 돌려야 한다. 그런데 그렇게 돌리면 물체의 좌우가 뒤바뀐다. 거울 이미지의 좌우 역전은 이런 연유로 발생하는 것이다. 다른 한편 우리가 종이를 수평 축을 중심으로 180도 돌려서 거울에 비추면, 거울 속 종이는 상하가 역전된다. 종이가 실제로 상하 역전되었기 때문이다. 거울이 없으면 우리는 이러한 효과들을 인식하지 못한다. 우리는 물체의 앞면만 볼 수 있기 때문이다. 종이를 거울에 비췄더니 좌우가 역전되었다면, 그 이유는 우리가 종이를 수직 축을 중심으로 돌려서 거울에 비췄기 때문이다. 우리가 종이를 수평 축을 중심으로 돌려서 거울에 비추면, 글자들은 상하가 역전된다.

마술을 보면 알 수 있듯이, 평면거울 두 개가 있으면 또 다른 흥미로운 일들이 일어난다. 평면거울 두 개를 직각으로 연결하여 L자 모양을 만들고 L자의 가운데 모서리 부분을 바라보라.

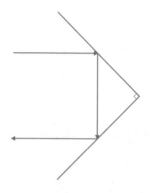

두 거울이 연결된 모서리에 당신 자신이나 이 페이지를 비춰보면, 이미지의 좌우 역전이 일어나지 않음을 알 수 있다. 당신이 오른손에 칫솔을 들었다면, 거울 속의 당신도 오른손에 칫솔을 들었을 것이다. 그런데 면도나 빗질을 할 때 이런 식으로 한 쌍의 거울을 이용하면 도리어 혼란이 일어난다. 우리가 거울을 볼 때 우리의 뇌는 자동으로 이미지의 좌우를 뒤바꿔 해석하기 때문이다. 연결된 두 거울 사이의 각을 90도보다 작게 점점 줄이면, 60도에서 신기한 일이 일어난다. 즉 평면거울 한 개를 볼 때와 똑같이 좌우가 뒤바뀐 상이 나타난다. 두 거울 사이의 각이 60도이면 한 거울에 (그림에서처럼 적당한 방향으로) 입사한 광선이 정확히 동일한 경로를 거쳐 되돌아오기 때문에, 단일한 평면거울에서 보는 가상 이미지와 똑같은 유형의 이미지가 만들어지는 것이다.

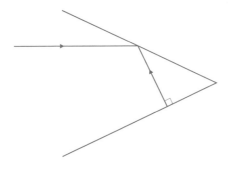

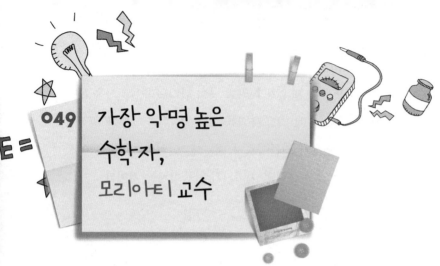

049 가장 악명 높은 수학자, 모리아티 교수

런던에서 일어나는 악행의 절반,
발각되지 않는 악행의 대부분은 그의 짓이다.
그는 천재, 철학자, 추상적인 사상가이다.
그의 지능은 최고 수준이다.

_셜록 홈스, 『마지막 문제』에서

한때(어쩌면 지금도 일부에서는) 일반인들에게 가장 유명한 수학자는 허구의
인물인 제임스 모리아티 교수였다. 모리아티 교수는 아서 코난 도일의
〈셜록 홈스〉 시리즈에 등장하는 가장 인상 깊은 인물이다. '범죄계의
나폴레옹'이라고 불린 그는 홈스와 대결할 자격이 있었으며, 그의 웅
대한 계획을 좌절시키기 위해서 때로는 마이크로프트 홈스의 재능까지
동원해야 했다. 모리아티 교수가 직접 등장하는 작품은 단 두 편, 『마지
막 문제』와 『공포의 계곡』뿐이다. 그러나 그는 여러 장면들의 배후에 도
사리고 있다. 이를테면 『빨간 머리 연맹』에서 그는 존 클레이가 이끄는
그의 공범자들이 은행 옆 전당포 지하실에서 은행의 귀중품 보관소로
터널을 뚫고 침입할 수 있도록 교묘한 속임수를 계획한다.

홈스가 전해주는 이야기를 통해 모리아티 교수의 경력을 알 수 있다. 홈스는 이렇게 말한다.

그는 좋은 집안 출신이고 최고의 교육을 받았으며 천성적으로 수학에 대단한 재능이 있었다. 21세에 이항정리에 관한 논문을 써서 유럽 전체에 이름을 알렸고 어느 자그마한 대학의 교수가 되었다. 어느 모로 보나 그는 앞날이 촉망되는 젊은이였다.

그러나 그는 매우 사악한 기질을 물려받은 인물이었다. 그의 몸속에 흐르는 범죄자의 피는 그의 비범한 정신적 능력에 의해 억제되기는커녕 엄청나게 위험한 수준으로 부추겨졌다. 그에 관한 나쁜 소문이 대학과 도시에 퍼지자, 결국 그는 어쩔 수 없이 교수직에서 물러나 런던으로 이주했다.

『공포의 계곡』에서 홈스는 모리아티 교수의 학자 경력과 다재다능함에 대해서 이야기한다. 그는 젊은 시절에 급수를 집중적으로 연구했지만 24년 후에는 난해한 천체 동역학을 연구한다.

그는 그 유명한 『소행성 동역학』의 저자가 아닌가? 워낙 높은 수준의 순수 수학을 다루어서 과학출판계에 그 내용을 비판할 역량이 되는 사람이 한 명도 없었다는 그 유명한 책의 저자 말이다.

코난 도일은 소설 속에 실제 사건과 장소를 조심스럽게 등장시키곤 했다. 모리아티 교수의 실제 모델 역시 추측할 수 있는데, 가장 가능성이 높은 후보자는 애덤 워스(1844~1902)라는 독일인이다. 그는 유년기를 미국에서 보냈으며 대담하고 독창적인 범죄 전문가였다. 실제로 당대에 런던경찰국에서 일한 로버트 앤더슨 형사는 워스를 일컬어 '범죄계의 나폴레옹'이라고 했다.

처음에 소매치기와 좀도둑질로 시작한 워스의 범죄는 뉴욕에서 조직적인 강도로 발전했다. 그는 감옥에 갇혔지만 곧 탈출하여 본업에 복귀했으며 은행을 털고 금고털이범 찰리 불러드를 화이트 플레인스 교도소에서 터널로 탈옥시키는 등 활동 영역을 넓혔다. 1869년에 그는 불러드의 도움을 받아 보스턴에 있는 보일스턴 국립은행을 털었다. 그는 인근 상점에서 은행의 귀중품 보관실로 터널을 뚫었다. 『빨간 머리 연맹』을 읽은 독자들은 무릎을 탁 쳤을 것이다.

사설 경비업체인 핑커톤의 요원들을 피해 영국으로 도주한 워스와 불러드는 그곳과 1871년에 이주한 파리에서도 강도짓을 벌였다. 워스는 런던에서 부동산 여러 곳을 구입하여 광범위한 범죄조직을 만들고 자신은 모든 범죄에서 어느 정도 거리를 두었다. 그의 조직원들은 그의 이름조차 몰랐지만(그는 종종 헨리 레이먼드라는 가명을 썼다) 폭력을 쓰지 말라는 그의 지시를 충실히 이행하면서 범죄에 임했다. 결국 워스는 감옥에 있는 불러드를 면회하다가 체포되어 7년 징역형을 받고 벨기에 루뱅의 감옥에 갇혔지만 1897년에 모범수로 석방되었다. 그는 풀려나자마자 보석상을 털어 평범한 삶에 복귀할 자금을 마련했고, 시카고에 있는 핑커톤 사립탐정 사무실들을 통해서 런던 애그뉴 앤 선스 갤러리에 회화작품 〈조지아나, 데본셔 공작부인〉을 사례금 2만 5,000달러를 받고 돌려주었다. 그 후 워스는 런던으로 돌아와 1902년에 사망할 때까지 가족과 함께 살았다. 그는 헨리 J. 레이먼드라는 이름으로 하이게이트 묘지에 묻혔다.

사실 게인즈버러가 데본셔 공작부인 조지아나 스펜서(미인으로 스펜서 가문의 혈통 때문인지 다이애나 비와 닮았다)를 그린 그 회화작품은 워스가 1876년에 런던에 있는 애그뉴 앤 선스 갤러리에서 훔쳐서 소장하고 있던 것이었다. 그 작품은 제임스 모리아티 교수의 실제 모델이 애덤 워스라고 추측하게 만드는 핵심 단서이다.

『공포의 계곡』에서 모리아티 교수는 자택에서 경찰과 면담을 한다. 벽에는 〈라 죄느 알라뇨*La Jeune a l'agneau*(젊은이가 양을 소유했네)〉라는 제목의 회화작품이 걸려 있는데, 이 허구적인 작품의 제목은 〈조지아나, 데본셔 공작부인〉을 도둑맞은 애그뉴 앤 선스 갤러리를 연상시키는 말장난이다. 그러나 안타깝게도 적어도 내가 아는 한, 워스는 이항정리에 대한 논문이나 소행성 동역학에 대한 책을 쓴 적이 없다.

롤러코스터가
최고 지점에서
승객을 미는 힘

올라간 것은 반드시 내려온다.
_익명의 저자

고리 모양의 궤도를 따라 솟구쳤다가 내려오는, 공중에서 한 바퀴 도는 롤러코스터를 타본 적이 있는가? 당신은 그런 고리 궤도가 원형이라고 생각할지도 모르지만, 실제로는 그럴 가능성이 거의 없다. 왜냐하면 원형 궤도는, 만일 최고 지점에서 차량의 속력이 충분히 높아서 승객들이 아래로 떨어지지 않는다면 최저 지점에서 승객들이 받는 중력이 위험할 정도로 크기 때문이다.

궤도가 반지름이 r인 원이고 승객이 꽉 찬 차량의 질량이 m이라고 해보자. 차량은 바닥에서 h(r보다 크다)만큼 떨어진 높이에서 천천히 출발하여 가파른 내리막길을 달려 원형 궤도의 최저 지점에 도달한다. 마찰과 공기의 저항을 무시하면, 최저 지점에서 차량의 속력은 $V_b = \sqrt{2gh}$이다. 이어서 차량은 오르막길을 달려 원형 궤도의 최고 지점으로 올라갈 것이다. 만일 차량이 속력 V_t로 최고 지점에 도달한다면, 최고 지점에서 차량의 역학적 에너지는 $2mgr$(위치에너지)$+\frac{1}{2}mV_t^2$(운동에너지)이다. 그런데 차량의 역학적 에너지는 변함없이 유지되어야 하므로 다음의 등식이 성립한다(모든 항에서 차량의 질량 m을 생략했다).

$$gh= \frac{1}{2}V_b^2 = 2gr + \frac{1}{2}V_t^2$$

원형 고리의 최고 지점에서 승객이 위로 밀려 떨어지지 않으려면, 반지름이 r인 원운동으로 인해 위로 작용하는 원심력이 승객의 몸무게로 인해 아래로 작용하는 힘보다 커야 한다. 다시 말해 승객의 몸무게가 M이라면, 최고 지점에서 승객을 위로 미는 힘을 다음과 같이 계산할 수 있다.

최고 지점에서 승객을 위로 미는 힘$=MV_t^2/r-Mg$

이 힘이 0보다 커야만, 즉 $V_t^2 > gr$이어야만 승객이 아래로 떨어지지 않는다.

앞에서 얻은 등식($gh=2gr+\frac{1}{2}V_t^2$)을 이용해서 위 부등식의 좌변을 다시 쓰면, 부등식 $h > 2.5r$을 얻을 수 있다. 요컨대 차량이 천천히 출발하여 중력만 받으면서 움직인다면, 최소한 원형 궤도의 반지름보다 2.5배 높은 위치에서 출발해야만 원형 궤도의 최고 지점에서 승객이 떨어지지 않을 정도의 속력을 낼 수 있다. 그런데 그 높이에서 출발하면, 원형 궤

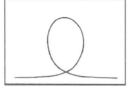
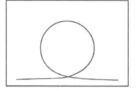
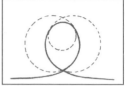

| 클로소이드 고리 | 원형 고리 | 클로소이드 고리의 다양한 곡률 |

도의 최저 지점에서 속력 $V_b=\sqrt{2gh}$가 $\sqrt{2g(2.5r)}=\sqrt{5gr}$보다 커진다. 그 지점에서 승객은 몸무게에다 원심력을 더한 만큼의 힘을 아래 방향으로 받을 텐데, 그 힘은 다음과 같이 계산할 수 있다.

최저 지점에서 승객을 아래로 미는 힘

$=Mg+MV_b^2/r \rangle Mg+5Mg$

따라서 최저 지점에서 승객을 아래로 미는 힘은 승객 몸무게의 6배를 초과할 것이다(가속도는 6g). 그 정도 힘을 받으면, 가속도 방호복을 입은 우주인이나 전투기 조종사가 아닌 승객은 뇌에 산소 공급이 안 돼서 정신을 잃기 십상이다. 일반적으로 어린이용 놀이기구에서 받는 최대 가속도는 2g, 성인용에서는 4g이다.

이처럼 롤러코스터의 궤도를 원형으로 만들기란 사실상 불가능해 보인다. 만일 궤도의 모양을 적당히 바꾸면 두 가지 조건(최고 지점에서 승객이 떨어지지 않아야 한다는 조건과 최저 지점에서 승객이 받는 힘이 너무 크지 않아야 한다는 조건)을 모두 충족시킬 수 있을까?

당신이 반지름이 R이고 속력이 V인 원운동을 하면, 당신이 느끼는 가속도는 V^2/R이다. 원의 반지름이 클수록, 다시 말해 굴곡이 덜할수록 가속도는 줄어든다. 롤러코스터의 최고 지점에서 가속도 Vt^2/r은 승객을 아래로 끌어당기는 힘 Mg에 대항하여 승객이 떨어지지 않게 해주므로 충분히 커야 한다. 다시 말해 최고 지점에서는 r이 충분히 작아야 한다. 반면에 최저 지점에서는 승객이 받는 힘을 줄이기 위해서 r이 충분히 커야 한다. 이렇게 r을 조절하려면 궤도의 윗부분은 작은 원의 일부가 되고 아랫부분은 큰 원의 일부가 되도록 만들어서 전체적으로 궤도의 높이가 폭보다 커지게 하면 된다. 그런 모양의 곡선들 중에서 롤러코스터 궤도에 자주 쓰이는 것은 이른바 '클로소이드clothoid'이다. 클로소이드의 곡률은, 클로소이드를 따라 이동할 때 이동한 거리에 비례하여 감소한다. 클로소이드는 1976년에 독일 기술자 베르너 슈텡겔이 캘리포니아 식스 플래그 매직 마운틴 놀이공원의 롤러코스터에 처음 도입하였다.

클로소이드는 또 다른 멋진 속성 때문에 복잡한 고속도로 나들목과 철도 설계에도 쓰인다. 클로소이드 모양의 곡선도로를 일정한 속력으로 달린다면, 운전자는 핸들을 일정한 각속도로 돌리기만 하면 된다. 반면에 클로소이드 모양이 아닌 곡선도로에서는 운전자가 차량의 속력이나 핸들을 돌리는 각속도를 지속적으로 조절해야만 도로를 벗어나지 않는다.

051 핵폭발에서 버섯구름이 생기는 이유

제3차 세계대전에서 무슨 무기가 쓰일지 나는 모른다.
그러나 제4차 세계대전에서는 몽둥이와 돌멩이가 무기로 쓰일 것이다.

_알베르트 아인슈타인(독일 물리학자)

최초의 원자폭탄 폭발은 1945년 7월 16일 미국 뉴멕시코 주 로스앨러모스 남쪽 340km 지점에서 실시된 트리니티 핵실험에서 일어났다. 그날은 인류 역사의 분수령이었다. 원자폭탄은 모든 인명을 파괴하고 치명적으로 오래 지속될 결과들을 산출할 능력을 인간에게 선사했다. 미국과 소련은 점점 더 큰 파괴력을 지닌 폭탄들을 생산하며 군비경쟁에 열을 올렸다. 실제로 전쟁에 쓰인 원자폭탄은 단 두 발뿐이지만, 이 핵실험 시대가 대기와 토양과 지하와 지하수에 남긴 생태적·의학적 흔적들은 여전히 우리 곁에 남아 있다. (히로시마에 떨어진 '리틀 보이Little Boy' 폭탄은 우라늄235를 60kg 함유한 핵분열 폭탄으로 TNT 13kt[킬로톤]과 맞먹는 폭발력을 발휘하여 약 8만 명을 즉사시켰다. 나가사키에 떨어진 '패트 맨Fat Man' 폭탄은 플루토늄239를

6.4kg 함유한 핵분열 폭탄으로 TNT 21kt과 맞먹는 폭발력을 발휘하여 약 7만 명을 즉사시켰다.)

핵실험 시대에 많은 핵폭발 사진들이 촬영되었다. 그 사진들에 찍힌 인상적인 불덩어리와 잔해 덮개canopy는 핵전쟁의 상징이 되었다. 우리에게 잘 알려진 버섯구름이 생기는 데는 이유가 있다. ('버섯구름'이라는 용어는 1950년대 초에 일상화되었지만, 폭발의 잔해를 '버섯'에 빗대는 표현은 최소한 1937년의 신문기사들에도 등장한다.) 원자폭탄이 폭발하면 지면 근처에 매우 뜨겁고 밀도가 낮으며 압력이 높고 부피가 거대한 기체가 형성된다. 일반적으로 원자폭탄은 폭풍파가 모든 방향으로 발휘하는 효과를 극대화하기 위해서 지면보다 높은 공중에서 폭발하기 때문이다. 그 뜨거운 기체는 끓는 물속에서 상승하는 기체방울들과 마찬가지로 위쪽의 밀도가 더 높은 공기 속으로 가속하며 상승한다. 그러면 상승 흐름의 중심에서는 계속 연기와 잔해가 상승하여 기둥 모양이 형성되는 반면에 가장자리에서는 난류 소용돌이들이 형성되면서 부분적으로 아래를 향하는 흐름이 만들어진다. 폭발의 중심에 있던 물질은 기화하고 수천만 도로 가열되어 풍부한 X선을 방출하고, 그 X선은 위쪽 공기의 원자 및 분자들과 충돌하면서 에너지를 전달해주어 백색 섬광을 일으킨다. 이 섬광의 지속 시간은 최초 폭발의 크기에 좌우된다. 상승하는 기체 기둥은 토네이도처럼 회전하면서 지면으로부터 물질을 빨아들여 버섯의 '줄기'를 형성한다. 그 줄기는 확대되면서 밀도가 줄어들어 결국 위쪽 공기와 같은 밀도가 된다. 그러면 줄기는 상승을 중단하고 옆으로 퍼진다. 그리하여 지면에서 빨아올린 모든 물질이 다시 지면으로 돌아가면서 광범위한 지역에 방사능재가 떨어진다.

TNT를 비롯한 평범한 폭탄이 폭발하는 모습은 핵폭탄과 사뭇 다르다. 왜냐하면 순전히 화학적인 폭발로 형성되는 초기 온도는 핵폭발로 형성되는 초기 온도보다 낮기 때문이다. 낮은 온도에서는 기체들이 줄기와 갓을 갖춘 버섯구름으로 조직되지 못하고 난류를 형성하여 뒤섞인다.

케임브리지의 특이한 수학자 조프리 인그램 테일러는 대형 폭발의 모양과 특징을 연구한 개척자 중 한 명이다. 그는 1941년 6월에 원자폭탄 폭발의 특징들을 예측한 고전적인 보고서를 썼고, 미국 사진잡지 『라이프』가 1945년 뉴멕시코 주에서 이루어진 트리니티 핵실험을 촬영한 연속사진들을 공개한 후에 대중적으로 유명해졌다. 이 실험을 비롯한 미국 원자폭탄 폭발들에서 산출된 에너지는 지금도 일급비밀이지만, 테일러는 폭발 장면을 촬영한 사진들과 약간의 대수학 지식만 있으면 폭발에너지의 근삿값을 계산할 수 있음을 보여주었다.

테일러는 폭발 후 임의의 시점에 폭발의 경계가 도달할 거리를 계산할 수 있었다. 그는 그 거리가 주로 폭발에너지와 주변 공기의 밀도에 의해 결정된다는 것을 깨달았다. 구체적인 공식은 다음과 같다(이 공식은 이른바 '차원 맞추기 방법method of dimensions'을 통해 얻을 수 있는 멋진 결과의 한 예이다. 테일러는 폭발 후 시간 t에 구형 폭풍파의 반지름 R을 알고자 했다. R은 폭탄이 방출한 에너지 E와 주변 공기의 처음 밀도 ρ에 의해 결정된다고 전제된다. 따라서 만일 $R=kE^a\rho^b t^c$ 형태의 공식이 존재한다면, 에너지의 차원은 ML^2T^{-2}, 밀도의 차원은 ML^{-3}[M은 질량, L은 길이, T는 시간]이므로, a=1/5, b=-1/5, c=2/5여야만 공식 양변의 차원이 맞아떨어진다. 그러므로 $R=k \times E^{1/5} \times \rho^{-1/5} \times t^{2/5}$을 얻을 수 있다. 상수 k가 거의 1이라면, 폭탄이 방출한 에너지는 대략 $E=\rho R^5/t^2$으로 계산할 수 있다. 또 폭발 후 여러 시점에 촬영한 사진들을 비교하면 k값도 알아낼 수 있다).

$$\text{폭탄의 에너지} = \frac{\text{공기 밀도} \times (\text{폭풍파의 경계까지 거리})^5}{(\text{폭발 후 경과한 시간})^2}$$

『라이프』에 실린 사진들은 폭발 후 여러 시점에서의 장면을 보여주었고, 각 사진 아래에 촬영 시점과 거리 척도가 제시되어 있었다. 테일러는 폭발 0.006초 후에 찍힌 첫 사진에서 폭발로 일어난 폭풍파의 반지름이 대략 80m라는 점에 주목했다. 공기의 밀도는 $1m^3$당 1.2kg이므로, 위 공식을 통해 계산한 폭발에너지는 TNT 2만 5,000톤의 폭발에너지와 맞먹는 10^{14}줄이다. 참고로 2004년 인도 지진에서 발생한 에너지는 TNT 4억 7,500만 톤의 폭발에너지와 맞먹는다.

052

제발,
달리지 말고
걸으세요!

북유럽 사람들은 여유로운 산책에 필요한 정도보다
더 빠르게 걷기 때문에 눈에 띈다.
_스페인 휴양지 베니도름의 관광 가이드

분주한 도시의 중심가를 걸으면서 둘러보면, 사람들이 걷는 속력은 대체로 비슷하다. 물론 몇몇은 바빠서 종종걸음을 치고, 몇몇은 늙었거나 병들었거나 신발이 영 불편해서 아주 느리게 걷지만 말이다. 당신이 걸을 때, 당신의 한쪽 발은 항상 지면에 닿아 있고, 당신의 다리는 지면을 밀 때 곧게 펴진다. 실제로 경보 규칙에서 이 두 가지 특징은 달리기와 구별된다. 그 특징들을 벗어나는 경보 선수는 경고를 받고 결국에는 실격을 당한다. 당신이 걸을 때, 한 걸음 나아갈 때마다 당신의 엉덩이는 상승했다가 하강하고 당신의 무게중심은 굴곡이 완만한 원호를 그리며 이동한다. 지면에서 엉덩이까지 다리의 길이가 L이라면, 당신이 걸을 때 무게중심의 원운동으로 인해 발생하는 가속도는 v^2/L(v는 걷는 속력)이다. 이 가속도는 중력으로 인한 가속도 g보다 크지 않아야 한다. (만일 크다면 당신은 공중에 뜰 것이다!) 따라서 부등식 $g > v^2/L$이 성립하고, 이로부터 평범한 걷기의 최고 속력은 대략 $\sqrt{gL}$임을 알 수 있다. 그런데 대략적으로 $g = 10\text{m/s}^2$이고 일반인의 다리 길이는 0.9m이므로, 평범한 사람이 걷는 최고 속력은 초속 약 3m로 추정할 수 있다. 또 L이 크면 클수록 걷는 속력이 빨라지겠지만, 걷는 속력이 L의 제곱근에 비례하기 때문에, 키가 평범한 축에 드는 사람들은 걷는 속력에 큰 차이가 없을 것이다.

$\sqrt{gL}$은 당신이 달리지 않으면서 도달할 수 있는 최고 속력이다. 당신의 두 발이 지면에서 떨어지는 것을 허용한다면, 당신은 훨씬 더 빠르게 이동하여 최고 속력 $V = \sqrt{2gnS}$, 약 9m/s에 도달할 수 있다. 이때 S는 약 0.3m로, 당신이 다리를 곧게 펴서 지면을 밀 때 다리 길이와 굽혀서 지면을 밀 때 다리 길이의 차이를 뜻한다. n은 약 10으로, 최고 속력에 도달하는 데 필요한 걸음 수를 뜻한다.

경보 선수들은 초속 3m보다 훨씬 빠르게 걷는다. 1,500m 경보 세계기록은 미국의 팀 루이스가 1988년에 세운 5분 13초 53이다. 팀은 평균 속력 4.78m/s로 걸은 셈이다. 하지만 1,500m 경보는 자주 열리는 경기가 아니므로, 올림픽 종목의 하나이며 경쟁이 매우 치열한 20km 경보의 기록을 살펴보자. 20km 경보 세계기록은 2007년 9월 29일에 러시아의 블라디미르 카나이킨에 의해 1시간 17분 16초로 단축되었다. 이 선수는 장장 20km를 평균 속력 4.3m/s로 걸은 셈이다. 이런 선수들의 속력이 우리의 추정값 $\sqrt{gL}$을 너끈히 능가하는 이유는, 그들이 우리보다 훨씬 효율적으로 걷기 때문이다. 그들은 허리와 엉덩이를 매우 유연하게 움직여 무게중심의 높이를 일정하게 유지하고 걸음의 폭과 횟수를 늘린다. 이처럼 효율적인 걷기 동작과 매우 강한 체력 덕분에 경보 선수들은 긴 시간 동안 대단한 속력을 유지할 수 있다. 50km 경보 세계기록 보유자는 평균 속력이 3.8m/s보다 빠르며, 마라톤 코스(약 42.2km)를 3시간 6분에 완주한다.

수학을
이용한
독심술

053

모든 양의 정수는 라마누얀의 친구이다.

_존 E. 리틀우드(영국 수학자)

1에서 9까지의 정수 중 하나를 생각하라. 그 정수에 9를 곱한 값의 첫째 자리 숫자와 둘째 자리 숫자를 더하라. 그 더한 값에서 4를 빼면 한 자 릿수가 남을 것이다. 이제 그 수를 다음 규칙에 따라 알파벳으로 바꿔라. 즉, 그 수가 1이면 A, 2이면 B, 3이면 C, 4이면 D, 5이면 E, 6이면 F 등으로 바꿔라. 이번에는 이름의 첫 철자가 방금 얻은 알파벳인 동물을 상상하라. 최대한 생생하게 그 동물을 떠올려보라. 나는 당신의 마음을 읽어서 당신이 상상하는 동물이 무엇인지 알아냈다. 당신이 상상하는 동물은 코끼리elephant다!

이것은 아주 간단한 묘기이다. 어떻게 내가 당신이 상상하는 동물을 상당히 높은 확률로 알아맞힐 수 있는지 조금만 생각해보면 이해할 수 있을 것이다. 이 술수는 수학을 조금 이용한다. 수가 지닌 단순한 속성들을 이용하는 것이다. 뿐만 아니라 심리적인 요소, 심지어 동물학적인 요소도 이용한다.

이번에 소개할 묘기는 위와 비슷한 유형이지만 오로지 수의 속성만 이용한다. 구체적으로 1,089가 이용된다. 1089년은 영국에 지진이 일어난 해이며, 제곱수(33×33)이기도 하다. 하지만 1,089가 지닌 가장 놀라운 속성은 다음과 같다.

각각의 자리 숫자가 다 다른 세 자릿수 하나를 선택하라(예컨대 153). 각 자리 숫자들의 순서를 뒤집어서 두 번째 수를 만들어라(351). 이제 두 수 중 큰 수에서 작은 수를 빼라(351−153=198. 만일 뺄셈 결과가 23처럼 두 자릿수라면, 맨 앞에 0을 넣어 023으로 만들어라). 이제 이 뺄셈의 결과와 그 결과를 거꾸로 써서 얻은 수를 더하라(198+891=1089). 당신이 애초에 어떤 수를 선택했든 상관없이, 최종 결과는 1,089일 것이다. (숫자 A, B, C로 표기된 임의의 세 자릿 수 ABC는 100A+10B+C와 같다. 첫 단계는 이 수와, 숫자들을 반대 순서로 놓아 만든 수 100C+10B+A의 차를 구하는 것이다. 그 결과는 99×|A−C|이다. 이때 절댓값을 의미하는 직선 괄호는 뺄셈 A−C의 결과가 음수일 경우에 그것의 기호를 바꾸어 양수로 만든다는 것을 의미한다. 그런데 A−C의 절댓값은 1에서 9까지의 수 중 하나일 수밖에 없다. 따라서 그 절댓값에 99를 곱한 값은 99, 198, 297, 396, 495, 594, 693, 792, 891 중 하나이다. 이 값들과 그것들을 반대 순서로 적은 수들을 더하면 항상 1,089가 나온다. 단, 99는 099로 보고 990과 더해야 한다.)

054

사기꾼이 참말을 할 확률

몇 사람을 얼마 동안 속이거나 영원히 속일 수는 있지만
모든 사람을 영원히 속일 수는 없다.

_에이브러햄 링컨(미국 16대 대통령)

신뢰는 인류가 수많은 세대에 걸쳐 사회관계를 맺으면서 다듬어온 직관의 하나이다. 신뢰의 토대는 타인이 참말을 할 가능성이 어느 정도인지 가늠하는 능력에 있다. 그런데 환경에 따라서 우리는 별다른 이유가 없는 한 사람들이 정직하다고 전제하기도 하고 부정직하다고 전제하기도 한다. 이 같은 기본 전제의 차이는 여러 나라의 관청에서 뚜렷하게 드러난다. 영국의 관청은 사람들이 정직하다는 전제를 기본으로 삼지만, 내가 경험한 몇몇 나라의 관청들은 사람들이 부정직하다는 전제를 기본으로 삼아 규칙과 규정을 만드는 듯했다. 당신이 보험금을 청구해보면, 당신과 계약한 보험회사가 어떤 전제를 기본으로 삼는지 알게 될 것이다.

우주여행을 하다가 토성의 위성 야누스에서 이상한 문명을 발견했다고 상상해보자. 그 문명의 정치 및 상업활동을 장기간 살펴본 결과, 그곳 사람들은 평균 1/4의 확률로 참말을 하고 3/4의 확률로 거짓말을 한다는 것이 드러났다. 이 우려스러운 관찰 결과에도 불구하고 우리는 그 문명과 접촉하기로 결정하고 접근한다. 그 문명의 다수파를 이끄는 지도자는 우리를 맞이하면서 극진히 대접하겠다고 선언한다. 곧이어 반대파의 지도자가 일어나 자신의 뜻도 다수파 지도자와 같다고 말한다. 우리가 정말로 극진한 대접을 받을 확률은 얼마일까?

우리는 두 지도자의 말을 토대로 극진한 대접을 받을 확률을 계산해야 한다. 그 확률은 두 지도자가 모두 참말을 했을 확률을, 두 지도자가 모두 참말을 했거나 모두 거짓말을 했을 확률로 나눈 값과 같다. 우선 첫 번째 확률, 즉 두 지도자가 모두 참말을 했을 확률은 $1/4 \times 1/4 = 1/16$이다. 두 번째 확률은 두 확률을 다시 합한 것인데, 구체적으로 다수파 지도자가 참말을 하고 반대파 지도자도 참말을 했을 확률 $1/4 \times 1/4 = 1/16$과 다수파 지도자가 거짓말을 하고 반대파 지도자도 거짓말을 했을 확률 $3/4 \times 3/4 = 9/16$의 합이다. 따라서 우리가 정말로 극진한 대접을 받을 확률은 $1/16 \div 10/16$, 즉 1/10이다. (만일 두 지도자가 참말을 할 확률이 p라면, 우리가 정말로 극진한 대접을 받을 확률은 $Q = p^2/[p^2+(1-p^2)]$이다. 본문에서는 $p=1/4$이므로, $Q=1/10$이다. $p<1/2$이면 Q는 항상 p보다 작고, $p>1/2$이면 Q는 항상 p보다 크다. 또 $p=1/2$이면 $Q=1/2$이다.)

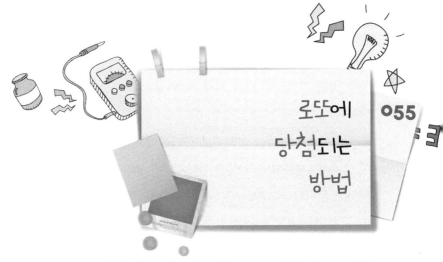

로또에 당첨되는 방법

055

복권 사업은 세상의 모든 멍청이들에게서 세금을 걷는 일과 같다.
고마워라, 사람들은 늘 쉽사리 믿는 경향이 있고, 세금은 쉽게 걷힌다.

_헨리 필딩(영국 소설가)

영국 로또는 단순하다. 로또를 하려는 고객은 1파운드를 지불하고 1에서 49까지의 숫자들 중에서 6개를 선택한다. 만일 그 6개의 숫자들 중에서 3개 이상이 로또기계에서 선택된 공 6개에 적힌 숫자들과 일치하면 고객은 상금을 받는다. 로또기계는 1부터 49까지의 숫자가 각각 적힌 공 49개 중에서 무작위로 공을 골라내는데, 일단 골라낸 공은 기계에 다시 넣지 않고 따로 놔둔 채로 다음번 공을 골라낸다. 고객이 고른 숫자들과 공들에 적힌 숫자들이 더 많이 일치할수록 상금은 커진다. 숫자 6개가 모두 일치하면, 1등 상금을 받는다. 또 이른바 '보너스 공'이 있는데, '보너스 공'은 6개의 공 외에 추가로 골라내는 공으로 이미 숫자 5개를 맞춘 고객들에게만 영향을 끼친다. 숫자 5개를 맞추고 보너스 공을 맞춘 고객들은 숫자 다섯 개만 맞춘 고객들보다 더 많은 상금을 받는다.

로또기계가 공들을 무작위로 골라낸다고 전제할 때, 당신이 숫자 49개 중에서 6개를 맞출 확률은 얼마일까? (정확히 말해서 텔레비전 로또 추첨 프로그램에 쓰이는 로또기계는 12대이고[기계 각각에 이름이 붙어 있다] 공은 8벌이다. 매번 쓰이는 기계와 공은 추첨에 앞서 무작위로 선택된다. 그런데 로또 추첨 결과를 통계적으로 분석하는 사람들은 대개 이 사실을 간과한다. 그러나 만일 로또 추첨에 무작위하지 않은 요소가 끼어들어 일부 수들이 더 많이 선택된다면, 그 요소는 특정한 기계나 공과 관련이 있을 가능성이 가장 높으므로, 기계와 공 각각에 대한 개별적인 통계 분석은 중요한 의미를 갖는다. 각각의 기계와 공 때문에 발생할지도 모르는 치우침 현상은 전체 통계에서는 상쇄되어 나타나지 않을 것이다.) 각각의 공을 고르는 일은 독립사건이어서 고르고 나면 남은 공의 개수가 하나 줄어든다는 점 외에는 다음번 고르기에 영향을 끼치지 않는다. 맨 처음에 당첨 숫자 6개 중 하나를 맞출 확률은 6/49이다. 그다음에 나머지 당첨 숫자 5개 중 하나를 맞출 확률은 (남은 공의 개수가 하나 줄어 48이 되었으므로) 5/48이고, 이어서 나머지 당첨 숫자 4개 중 하나를 맞출 확률은 4/47이다. 똑같은 방식으로 나머지 당첨 숫자 3개를 맞출 확률은 각각 3/46, 2/45, 1/44이다. 그러므로 로또 1등에 당첨될 확률은 다음과 같다.

$$6/49 \times 5/48 \times 4/47 \times 3/46 \times 2/45 \times 1/44 = 720/10068347520$$

우변의 나눗셈을 하면 결과로 1398만 3816분의 1, 약 1390만분의 1이 나온다. 만일 당신이 당첨 숫자 5개와 보너스 공을 맞추기를 원한다면,

뜻을 이룰 확률은 1등 당첨 확률보다 6배 커져서 233만 636분의 1이 된다.

이제 가능한 모든 숫자 조합들(총 1,398만 3,816개) 중에서 당첨 숫자를 0개, 1개, 2개, 3개, 4개, 또는 5개 맞춘 조합들이 몇 개 있을지 따져보자. (더 자세한 논증은 J. 헤이가 쓴 『운에 맡겨라Taking Chances』(Oxford, 1999)의 2장을 참조하라. 당첨 숫자를 r개 맞춘 숫자 조합들의 개수는 $_{49}C_6/(_6C_{43}C_{6-r})$로 계산할 수 있다. ^nC_r은 n개 중에서 r개를 뽑는 조합의 수를 나타내는 기호이며 그 값은 $n!/(n-r)!r!$과 같다.) 당첨 숫자 5개를 맞춘 숫자 조합은 258개 존재한다. 그런데 그 중에서 6개는 보너스 공을 맞추게 되므로, 오로지 당첨 숫자 5개만 맞춘 조합은 252개 존재한다. 당첨 숫자 4개를 맞춘 조합은 1만 3,545개, 3개를 맞춘 조합은 24만 6,820개, 2개를 맞춘 조합은 185만 1,150개, 1개를 맞춘 조합은 577만 5,588개, 0개를 맞춘 조합은 609만 6,454개 있다. 그러므로 예컨대 숫자 5개를 맞출 확률을 구하려면, 252를 가능한 모든 숫자 조합들의 개수로 나누면 된다. 실제로 나눗셈을 해보면, 252/13983816=1/55491이라는 결과가 나온다. 요컨대 당신이 로또 복권 한 장을 산다면, 숫자 5개를 맞출 확률은 5만 5491분의 1이다. 숫자 4개를 맞출 확률은 1032분의 1, 3개를 맞출 확률은 57분의 1이다. 그러므로 모든 숫자 조합 13,983,816개 중에서 상금을 타는 조합은 1+258+13545+246820=260,624개이고, 당신이 로또 복권 한 장을 사서 상금을 탈 확률은 약 54분의 1이다. 그러니까 복권을 매주 사고 당신의 생일과 크리스마스에 추가로 사면 상금을 탈 가능성이 있다.

이 계산 결과들은 그리 희망적이지 않다. 통계학자 존 헤이는 평균적으로 복권을 사면 한 시간 내에 죽을 확률이 1등에 당첨될 확률보다 높다고 지적한다. 복권을 사지 않으면, 당첨 확률은 당연히 0이다. 그럼 복권을 여러 장 사면 어떨까?

확실히 1등에 당첨되는 유일한 방법은 모든 복권을 다 사는 것이다. 이 방법을 시도한 사례들이 전 세계에서 여러 번 있었다. 로또 추첨 결과 1등 당첨자가 없으면 상금은 다음 주로 이월된다. 만일 이런 일이 몇 주 연속된다면, 1등 상금이 엄청나게 불어날 것이다. 그럴 경우, 거의 모든 복권을 사려고 드는 사람들이 나타날 가능성이 있다. 그런 시도는 전적으로 합법적이다. 미국 버지니아 주 로또는 사용되는 숫자가 44개뿐이어서 가능한 숫자 조합이 705만 9,052개라는 점만 빼고 영국 로또와 유사하다. 그 로또에서 이월된 상금들이 쌓여 1등 상금이 2,700만 달러를 넘었던 적이 있다. 그러자 오스트레일리아 도박사 피터 맨드럴은 조직을 동원하여 전체 복권의 90%를 샀다(나머지 10%는 일부 조직원들의 실수로 사지 못했다). 그는 1등에 당첨되어 티켓 구매에 쓴 1,000만 달러와 '조직원'들에게 지불한 수고비를 보상받고 짭짤한 이익까지 챙겨서 귀국했다.

자책골: 자책골을 이야기할 때에는 패스 실수를 이야기할 때와 마찬가지로
연민이 담긴 표현을 쓰는 경향이 있다. 따라서 자살골 앞에는
설령 '멍청한' 또는 '무능한'이라는 형용사가 더 어울려 보일지라도
흔히 '희한한' 또는 '엉뚱한' 따위의 형용사가 붙는다.

_존 레이, 데이비드 우드하우스, 『축구 사전』

역사상 가장 기괴한 축구 경기는 무엇일까? 내 생각에 그 기괴함에 있어서 타의 추종을 불허하는 단 하나의 경기가 있다. 바로 1994년 셸 캐리비언 컵에서 그레나다와 바베이도스가 맞붙은 악명 높은 경기다. 이 대회에서는 본선 토너먼트에 앞서 조별 리그를 치렀는데, 조별 리그 마지막 게임에서 바베이도스는 그레나다를 적어도 2골 차로 이겨야 본선에 진출할 수 있었다. 만일 바베이도스가 2골 차로 이기지 못하면, 그레나다가 본선에 진출하게 되어 있었다. 상황은 아주 간단명료했다. 도대체 무슨 문제가 생길 수 있겠는가?

그러나 어떤 새로운 규정이 예상 밖의 결과를 불러왔다. 당시에는 '골든 골'이라는 규칙이 있었는데, 연장전에서 한 팀이 골을 넣으면 그

순간 경기는 종료되고 그 골은 승부를 판가름하는 '골든 골'이 되는 것이었다. 그런데 연장전에서 골든 골로 이기는 팀은 골을 더 넣을 수도 있을 텐데 무조건 1골 차로 이길 수밖에 없었다. 셀 캐리비언 컵 대회 조직자들은 이 골든 골 규칙이 승리 팀에게 골 득실상의 불이익을 준다고 여겨 골든 골을 2골로 간주하는 규정을 새로 만들었다. 그런데 그 규정이 기괴한 결과를 불러왔던 것이다.

경기 시작 후 얼마 지나지 않아 바베이도스가 2 대 0으로 앞서면서 본선에 진출할 가능성이 높아 보였다. 그러나 경기 종료 7분을 앞두고 그레나다가 한 골을 만회하여 2 대 1이 되었다. 남은 시간에 바베이도스가 한 골을 추가한다면 본선에 진출할 수 있었겠지만, 그것은 결코 쉬운 일이 아니었다. 차라리 자살골을 넣어 동점을 만드는 편이 나았다. 동점이 되어 연장전에 가면 골든 골로 이겨서 규정상 2골 차 승리로 그레나다를 제치고 본선에 진출할 가망성이 있었기 때문이다. 그리하여 바베이도스는 경기 종료 3분을 남기고 자책골을 넣어 2 대 2를 만들었다. 그러자 그레나다는 상대편 골문이든 자기편 골문이든 상관없이 아무 골문에 공을 넣으면 자기들이 본선에 진출한다는 것을 깨닫고 자책골을 넣기 위해 돌진하기 시작했다. 바베이도스는 그레나다의 골문을 필사적으로 방어하면서 시간을 끌었고, 경기는 연장전에 돌입했다. 결국 연장 5분에 바베이도스가 골든 골로 이겼다. 믿기지 않는다면, '유튜브'에서 직접 보시라(http://www.youtube.com/watch?v=ThpYsN−4p7w).

오래된 석조 아치는 어떻게 만들어진 것일까?

057

천재는 80%의 땀과 20%의 전략으로 만들어진다.
_아맨도 이어누치(스코틀랜드 코미디언, 작가)

오래된 석조 아치는 매우 신기하게 보일 수 있다. 한편으로는 돌 각각을 개별적으로 제자리에 놓아 아치를 만든 듯한데, 다른 한편으로는 아치 꼭대기에 마지막 돌(갓돌)을 끼워야만 전체 구조가 지탱될 것처럼 보이기 때문이다. 쉽게 말해서 아치를 차츰 만들어나갈 길은 없는 듯하다. 거의 완성된 아치도 있을 수 없는 것 같다. 그렇다면 오래된 아치들은 어떻게 만들어진 것일까?

이 문제는 미국에서 '지적인 설계'라는 이름으로 자주 눈에 띄는 이상한 논증을 연상시키기 때문에 흥미롭다. 대략적으로 말해서, '지적인 설계'를 옹호하는 사람들은 자연 세계에 있는 어떤 복잡한 대상을 지적하면서 그것이 단순한 형태에서 점진적인 과정을 거쳐 복잡한 모양으로 진화한 것이 아니라 애초에 그 모양으로 '설계된' 것이 분명하다고 주장한다. 그러면서 그들은 진화 과정에서 대상의 전 단계에 해당할 만한 것이 존재하지 않는다는 점을 그 주장의 근거로 제시한다. 이 논증은 물론 약간 주관적이다. 어쩌면 우리가 상상력이 부족해서 어떤 대상의 전 단계에 해당하는 것을 못 알아보는지도 모르니까 말이다. 아무튼 이 문제는 근본적으로 아치 문제와 매우 유사하다. 돌 하나가 부족한 아치와 완전한 아치는 전자가 후자보다 약간 더 단순하다는 정도의 차이만 있는 것이 아니라 어마어마하게 다른 듯하다.

아치를 생각할 때도 우리는 흔히 상상력이 부족해서 함정에 빠진다. 그 함정은 모든 구조물이 부분들의 덧셈을 통해 건설된다는 고정관념이다. 그러나 어떤 구조물들은 부분들의 뺄셈을 통해 건설된다. 맨 처음에 돌 더미가 있는데, 우리가 돌들을 조금씩 옮기면서 점차 돌 더미 중심의 돌들을 제거하여 아치 구조물만 남긴다고 생각해보자. 이런 식으로 생각하면, 아치를 차츰 만들어나가는 과정은 얼마든지 가능하다. 또 거의 완성된 아치는 중심에 구멍이 조금 덜 뚫린 돌 더미일 것이다. 실제로 파도치는 해안에 생긴 아치들은 점진적인 침식으로 바위의 중심부에 구멍이 뚫리고 가장자리만 남아서 형성된다. 이처럼 자연에 있는 모든 복잡한 대상들이 덧셈을 통해서 만들어지는 것은 아니다.

중앙아메리카
인디언은 왜
팔진법을 썼을까?

팔정도八正道: 정견正見, 정사正思, 정어正語,
정업正業, 정명正命, 정근正勤, 정념正念, 정정正定
_불교의 8가지 수행법

우리는 10을 기본으로 수를 센다. 1이 열 개면 10, 10이 열 개면 100,
100이 열 개면 1,000이 되는 식으로 말이다. 이런 수 세기 방식은 '십진
법'이라고 불린다. 십진법으로 셀 수 있는 수에 한계는 없다. 영어에는
몇몇 큰 수들을 부르는 이름으로 million(백만), billion(10억), trillion(1조) 등
이 있지만, 모든 큰 수에 이름이 있지는 않다. 그 대신에 우리는 숫자 1
다음에 0이 n개 붙은 수를 표기할 때 간단히 10^n으로 적는다. 이를테면
1,000은 10^3으로 적는다.

쉽게 짐작할 수 있듯이 십진법은 열 손가락에서 유래했다. 거의 모든
고대 문화에서 사람들은 수를 셀 때 이런저런 방식으로 손가락을 이용
했다. 그 결과 5(한 손의 손가락 개수), 10(양손의 손가락 개수), 20(손가락과 발가

락 개수)을 기본으로 삼은 수 세기 방법들이나 그것들을 혼합한 방법들이 생겨났다. 영어에는 과거에 수를 셀 때 기본이 된 수를 반영하는 옛 단어들이 있다. 그런 단어들은 다양한 수 세기 방법들이 복잡하게 융합하여 영국의 수 세기 방법이 형성되었음을 시사한다. 예컨대 '더즌dozen'은 12, '스코어score'는 20을 뜻한다. ('score'는 옛 색슨어 'sceran'에서 나왔다. 'sceran'은 '나누다' 또는 '자르다'를 뜻한다.) 흥미롭게도 'score'는 세 가지 의미를 지녀서 '표시하다' 또는 '수를 세다'를 뜻할 수도 있다. 이 세 가지 의미는 부절이라는 나무 막대에 20을 기본으로 삼아 금액을 표시하던 과거의 관행을 반영한다.

거의 모든 고대 문화가 십진법을 사용했지만, 예외적으로 어느 중앙 아메리카 인디언 사회는 팔진법, 즉 8을 기본(수학용어로는 '기저')으로 삼은 수 세기 방법을 사용했다. 그 이유가 짐작이 가시는가? 나는 수학자들에게 그 이유가 무엇이겠느냐고 묻곤 했는데, 대개 8이 인수가 많아서 편리하기 때문이라는 대답이 돌아왔다. 8은 4와 2로 나누어떨어지므로 2등분하거나 4등분해도 분수가 등장하지 않는다는 것이었다. 그러나 유일한 정답은 내가 그 질문을 8세 꼬마들에게 던졌을 때 나왔다. 그 문화의 사람들은 손가락들 사이의 틈을 세었던 것이라고 어느 여자아이가 즉시 대답했다. 만일 당신이 끈이나 나무 조각을 손가락들 사이에 끼워서 잡는다면 자연스럽게 팔진법으로 수를 셀 것이다. 팔진법을 사용한 옛 사람들도 손가락을 이용해서 수를 세었던 것이다.

권한을 '위임' 받으려면 득표율은 얼마나 높아야 할까?

민주주의는 한때 좋은 것이었지만
지금은 나쁜 자들의 손에 들어갔다.

_제시 헬름스(미국 상원의원)

정치인은 자신이 실제보다 훨씬 많은 것을 위임받았다고 착각하는 버릇이 있다. 당신이 여러 공약들을 내걸고 당선되었다고 해보자. 당신의 당선은 다수 유권자가 당신의 공약 각각을 경쟁자의 대안적인 공약보다 더 선호한다는 것을 의미할까? 전혀 그렇지 않다. 또 만일 당신이 간발의 차이로 당선되었다면, 당신은 과연 유권자들의 권한을 위임받은 것일까?

간단한 논의를 위해서 선거에 출마한 후보자가 두 명뿐이라고 가정하자. 당선자는 W표를 얻었고 낙선자는 L표를 얻었다면 유효 투표수는 W+L이다. 그런데 이처럼 많은 투표 사건들이 일어날 때는 무작위한 통계적 '오류'가 W+L의 제곱근만큼 발생하리라고 예상해야 한다.

예컨대 W+L=100이면, 통계적 불확실성이 양방향으로 10만큼 발생할 것이다. 당선자의 승리가 투표 과정에서 발생한 무작위한 변이 덕분이 아니라고 확신할 수 있으려면, 당선자와 낙선자의 표 차가 무작위한 변이보다 커야 한다. 즉, 다음 부등식이 성립해야 한다.

$$W-L > \sqrt{W+L}$$

유효 투표수가 100이라면, 10표가 넘는 표 차가 나야만 승부를 확신할 수 있다. 예컨대 2000년 미국 대통령 선거에서 부시는 271표, 고어는 266표를 얻었다. 표 차는 겨우 5로 271+266의 제곱근인 약 23보다 훨씬 적었다.

더 재미있는 일화도 있다. 이탈리아의 위대한 고에너지 물리학자이며 원자폭탄 개발에 참여한 핵심인물이기도 한 엔리코 페르미는 테니스를 아주 잘 쳤다. 어느 날 그는 테니스 경기에서 6대 4로 지고 나서 승자와 패자가 얻은 게임 수의 차이(2)가 전체 게임 수의 제곱근($\sqrt{10}=$약 3.1)보다 작으므로 자신의 패배는 통계학적으로 무의미하다고 논평했다.

당신이 충분히 큰 표 차로 당선되어 무작위한 오류 덕분에 당선되었다고 생각할 여지가 없다고 가정해보자. 이 경우에 당신이 유권자들로부터 권한을 확실히 '위임'받았다고 주장하려면 당신의 득표율은 얼마나 높아야 할까? 한 가지 흥미로운 제안은, 당선자의 득표율 W/(W+L)가 당선자 득표수 대비 낙선자 득표수, 즉 L/W보다 커야 한다는 것이다. 이를 '황금' 위임 조건이라고 하는데, 부등식으로 나타내면 다음과 같다.

$$W/(W+L) > L/W$$

이 부등식이 성립하려면 $W/L > (1+\sqrt{5})/2 = 1.61$, 즉 W/L가 그 유명한 '황금비율'보다 커야 한다. 다시 말해 당신의 득표율 $W/(W+L)$가 8/13 즉 61.5%보다 높아야 한다. 지난 영국 총선에서 노동당은 412석, 보수당은 166석을 얻어, 노동당이 전체 578석의 71.2%를 얻었다. '황금' 위임 조건을 너끈히 갖춘 셈이다. 반면에 2004년 미국 대통령 선거에서 부시는 285표, 케리는 251표를 얻었다. 부시의 득표율은 '황금' 위임에 필요한 득표율보다 낮은 53.3%였다.

060 축구 리그의 승점 제도

그러나 첫째가 꼴찌 되고 꼴찌가 첫째 되는 사람이 많을 것이다.
_〈마태복음〉 19장 30절

잉글랜드 축구협회는 1981년에 공격적인 경기를 권장하기 위해서 근본적인 제도 개혁을 실시했다. 이긴 팀에게 2점을 주던 기존의 승점 부여 방식을 바꾸어 3점을 주고, 무승부에는 예전대로 1점만 주기로 한 것이다. 현재 전 세계 축구 리그들은 보편적으로 이 승점 제도를 채택하고 있다. 이 제도가 지루한 경기로 자주 비기는 팀에게 어떤 영향을 미쳤는지 살펴보면 재미있다. 1승으로 얻는 승점이 2점이던 시절에는 42경기를 치러서 60점을 얻으면 쉽게 리그 우승을 차지할 수 있었으므로, 모든 게임을 비겨 42점을 얻은 팀은 상위 성적으로 리그를 마칠 수 있었다. 실제로 첼시 팀은 1955년 1부 리그에서 사상 최저 승점인 52점으로 우승했다. 1승으로 3점을 얻는 오늘날에 리그 우승을 하려면 38경기를 치러서 90점 이상을 얻어야 하며, 전 경기를 비겨서 38점을 얻는 팀은 꼴찌에서 서너 번째 성적을 거둬 강등을 염려해야 한다.

이 변화를 염두에 두고 다음과 같은 상황을 상상해보자. 어떤 리그의 운영자들이 시즌 종료일에 승점 제도를 변경하기로 결정한다. 그때까지 시즌 내내 1승의 승점은 2점, 무승부의 승점은 1점이었다. 리그에 참가하는 팀은 13팀이고 각 팀은 다른 모든 팀과 한 번씩 맞대결하므로 총 12경기를 치른다. '올스타' 팀의 성적은 5승 7패이다. 또한 놀랍게도 이번 시즌에 치러진 다른 모든 경기의 결과는 무승부이다. 그러므로 올스타 팀의 승점은 10점이고, 나머지 팀들의 승점은 기본적으로 무승부 11경기로 얻은 11점에다, 올스타 팀을 이긴 팀들의 경우에는 2점을 더 얻어 13점, 올스타 팀에게 진 팀들의 경우에는 그냥 11점이다. 요컨대 일곱 팀은 13점, 다섯 팀은 11점이다. 결론적으로 나머지 열두 팀이 올스타 팀보다 높은 승점을 얻었으므로, 올스타 팀은 최하위를 기록했다.

마지막 경기를 마치고 탈의실로 들어온 올스타 팀 선수들은 리그 최하위가 되었다는 것을 알고 풀이 죽는다. 강등은 확실하고 연봉도 대폭 삭감될 것이다. 바로 그때 리그 운영자들이 새로운 승점 제도를 도입해 이번 시즌부터 소급 적용하기로 했다는 소식이 들려온다. 공격적인 경기를 권장하기 위해서 1승에 3점, 무승부에 1점을 주기로 해 선수들은 신속하게 승점을 다시 계산한다. 새 제도에서 올스타 팀은 5승으로 15점을 얻는다. 다른 팀들은 무승부 11경기로 예전과 다름없는 11점에다 올스타 팀을 이긴 일곱 팀의 경우에는 3점을 더 얻어 14점, 올스타 팀에게 진 다섯 팀의 경우에는 11점을 얻는다. 어느 쪽이든 올스타 팀보다 승점이 낮으므로, 이번 시즌의 우승 팀은 올스타 팀이다.

061 무에서 유를 창조하기

실수는 좋다. 실수가 많을수록 더 좋다.
실수를 저지르는 사람들은 발전한다. 그들은 신뢰할 만하다.
왜냐고? 그들은 위험하지 않다. 그들은 지나치게 엄숙해질 수 없다.
실수하지 않는 사람들은 언젠가 절벽에서 떨어진다.
그것은 나쁜 일이다. 자유 낙하하는 모든 사람은 짐으로 간주되니까.
절벽에서 떨어진 사람들은 당신을 덮칠 수도 있다.

_제임스 처치(서방 정보요원 출신 작가), 『평양의 이방인』

파워포인트나 기타 유사한 프로그램을 써서 강의나 발표를 해야 하는 분들은 그 프로그램의 약점을 아마 알 것이다. 특히 교사들이 잘 알 듯하다. 발표가 끝나면 대개 청중의 질문을 받는 시간이 이어진다. 살다 보면 누구나 알게 되는 일이지만, 그런 질문들에 대답하는 가장 효과적인 방법은 무언가를 그리는 것일 때가 많다. 당신 곁에 칠판이나 오버헤드 프로젝터가 있다면, 어떤 그림이든 쉽게 그릴 수 있을 것이다. 그러나 단지 평범한 노트북만 있다면, 당신은 적잖이 난처해질 수밖에 없다. '태블릿 PC'가 없는 한, 준비한 화면 위에 무언가를 그릴 길은 없다. 이 모든 사정은 우리가 뜻을 전달할 때 얼마나 많이 그림에 의존하는지를 보여준다. 그림은 말보다 더 직접적이고 디지털이 아니라 아날로그이다.

일부 수학자들은 그림을 의심한다. 그들은 그림에 의지하지 않는 증명을 좋아한다. 증명이 옳은 것처럼 보이도록 그림을 그려서 착각을 조장할 위험이 있다고 여기기 때문이다. 그러나 거의 모든 수학자들은 그림을 좋아한다. 그들은 그림을 진리를 포착하고 증명을 고안하는 일을 돕는 필수적인 안내자로 여긴다. 이것이 다수 견해이므로, 소수 견해에 힘을 실어주는 예를 하나 살펴보자.

총 면적이 $8 \times 8m^2$이며 4조각으로 된 값비싼 바닥재가 있다고 하자. 조각들은 다음 그림에서처럼 삼각형 두 개와 사다리꼴 두 개이다.

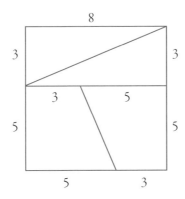

쉽게 알아볼 수 있듯이 총 면적은 $8 \times 8 = 64m^2$이다. 이제 네 조각을 다르게 배치하여 다음 페이지와 같은 직사각형을 만들어보자.

신기한 일이 일어났다. 새로운 직사각형의 면적은 얼마인가? $13 \times 5 = 65m^2$이다. (피보나치수열은 1, 1, 2, 3, 5, 8, 13, 21, 34, 55, 89 등으로 끝없이 이어진다. 셋째 항부터 모든 각각의 항은 앞에 있는 두 항의 합과 같다. 피보나치 수열의 n번

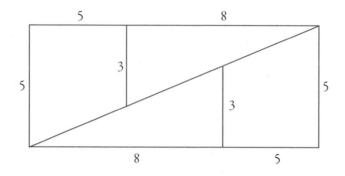

째 항을 F_n이라고 하자. 본문의 수수께끼는 $F_n \times F_n$ 정사각형을 $F_{n-1} \times F_{n+1}$ 직사각형으로 변형하기의 한 예이다. 이 예에서는 n=6, $F_n=8$이다. 일반적으로 $F_n \times F_n$ 정사각형과 $F_{n-1} \times F_{n+1}$ 직사각형의 면적 차이는 카시니의 등식 $(F_n \times F_n) - (F_{n-1} \times F_{n+1}) = (-1)^{n+1}$을 이용해서 계산할 수 있다. 따라서 n이 짝수이면 위 등식의 우변이 −1이 되어 직사각형이 정사각형보다 더 커지지만, n이 홀수이면 직사각형이 정사각형보다 더 작아진다. 하지만 놀랍게도 n의 값이 무엇이든 상관없이 정사각형과 직사각형의 면적 차이는 항상 1이다. 이 수수께끼는 루이스 캐럴이 만든 것으로 빅토리아 시대 영국에서 유행했다. D. 콜링우드Collingwood, 『루이스 캐럴 그림책*The Lewis Carroll Picture Book*』, Fisher Unwin, London(1899), pp. 316~7 참조.)

조각들의 배치를 바꾸니까, 난데없이 $1m^2$가 생겨났다. 대체 무슨 일이 일어난 것일까? 조각들을 종이로 만들어서 직접 실험해보라.

불가능한 후보를
당선시키는
선거 조작법

062

나는 다음번 선거에서 당신이 속한 선거캠프의 고문으로 일할 것이다.
당신이 누구의 당선을 바라는지 말하라.
나는 당신 캠프의 사람들과 대화한 후에 당신이 미는 후보가
확실히 당선되도록 하는 '민주적 절차'를 고안하겠다.

_도널드 사리(미국 캘리포니아 대학교 수학자)

14장에서 알 수 있듯이 선거는 가끔 이상야릇하다. 득표수를 세는 방법
은 다양하며, 만일 당신이 어리석게 득표수를 세면 후보 A가 B를 이기
고 B가 C를 이기고 C가 A를 이기는 결과가 나올 수 있다. 그런 결과는
바람직하지 않다. 때때로 우리는 한 무리의 후보들을 놓고 여러 번 투
표를 하고, 매번 투표에서 득표수가 가장 적은 후보가 탈락한다.

공직 선거에 무관심한 사람들도 자주 투표를 한다. 우리를 투표로 이
끄는 질문들이 있다. 무슨 영화를 볼까? 무슨 텔레비전 채널을 볼까?
주말에 무엇을 할까? 어떤 냉장고를 사는 것이 가장 좋을까? 다양한 대
답이 가능한 질문을 놓고 토론을 할 때 사람들이 하는 일은 사실상 '투
표'이고 최종적으로 선택되는 '후보'는 당선자이다. 그러나 일상적인 선

택은 모든 관계자들의 투표로 이루어지지 않고 대개 훨씬 더 주먹구구로 이루어진다.

먼저 누군가가 특정 영화를 보자고 제안한다. 이어서 다른 누군가가 또 다른 영화가 더 최신작이니 그 영화를 보자고 제안한다. 곧이어 어떤 사람이 그 최신작은 너무 폭력적이니 제3의 영화를 보자고 제안한다. 그런데 또 다른 사람이 제3의 영화를 이미 보았다는 것이 드러나 다시 첫 번째 영화가 거론된다. 그러나 누군가가 그 영화는 아이들에게 안 좋다면서 또 다른 영화를 제안한다. 사람들은 이제 지쳐서 그 제안에 동의한다. 이 과정에서 일어나는 일은 흥미롭다. 한 번에 하나의 가능성이 다른 가능성과 비교되어 승부가 가려지며 그런 승자 진출식 비교가 반복된다. 모든 가능한 영화들을 한꺼번에 비교하면서 투표하는 일은 결코 없다. 그러므로 토론의 결과는 영화들을 비교하는 순서에 따라서 완전히 달라진다. 영화들을 비교하는 순서와 기준을 바꾸면 전혀 다른 후보가 당선될 수 있다.

실제 선거에서도 마찬가지다. 유권자 24명이 후보 8명(A, B, C, D, E, F, G, H) 중에서 한 명을 지도자로 선출해야 한다고 가정해보자. 후보 지지도를 조사해보니 유권자들은 세 집단으로 나뉘었다. 각 집단이 지지하는 후보들의 순서는 다음과 같았다.

첫째 집단 : A B C D E F G H
둘째 집단 : B C D E F G H A
셋째 집단 : C D E F G H A B

얼핏 보면 C가 첫째 집단에서 3위, 둘째 집단에서 2위, 셋째 집단에서 1위를 차지하여 가장 많은 지지를 받은 것 같다. 그러나 H의 어머니는 아들의 당선을 간절히 바라면서 우리에게 혹시라도 묘수가 없을지 묻는다. 우리가 보니 H는 지지도 목록들에서 8위, 7위, 6위를 했으므로 당선되기는커녕 당선되지 말아야 마땅하다. 우리는 H의 어머니에게 모든 일은 규칙에 따라 이루어져야 하고 부정은 용납되지 않는다고 못 박는다. 이제 H의 어머니는 H를 당선자로 만드는 선거 제도를 고안하는 과제에 도전한다.

H를 당선시키려면, 매번 두 후보를 위의 지지도 목록에 의거하여 대결시키고 승자를 다음 대결에 진출시키는 방식으로 선거를 하면 된다. 먼저 G와 F를 대결시키면, 위의 목록에서 보듯이 F가 3 대 0으로 이긴다. 이어서 F와 E를 대결시키면, E가 3 대 0으로 이긴다. 이제 E와 D를 대결시키면, D가 3 대 0으로 이긴다. 그다음에 D와 C를 대결시키면, C가 3 대 0으로 이긴다. 이어서 C와 B를 대결시키면, B가 2 대 1로 이긴다. 그다음에 B와 A를 대결시키면, A가 2 대 1로 이긴다. 그리하여 결국 A가 진출하여 H와 대결한다. 이 마지막 대결에서 H가 2 대 1로 이긴다. 그러므로 H는 이 '승자 진출식' 선거에서 승리하여 새 지도자로 선출된다.

어떻게 이런 묘수가 가능할까? 핵심은 강한 후보들이 일찌감치 대결하여 서로를 탈락시키게 만들고 당신이 당선시키려는 후보는 맨 마지막에 확실히 이길 수 있는 상대와 대결하게 만드는 것이다. 이처럼 대결 순서만 잘 편성하면 영국 테니스 선수가 윔블던 대회에서 우승하는 것도 충분히 가능한 일이다.

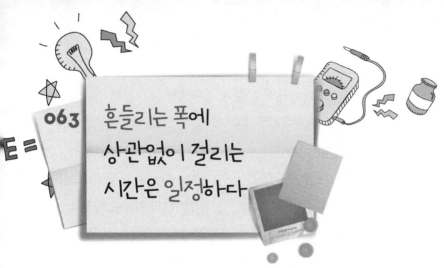

063 흔들리는 폭에 상관없이 걸리는 시간은 일정하다

영국은 흔들이처럼 흔들린다.

_로저 밀러(영국 가수)

이탈리아의 위대한 과학자 갈릴레오 갈릴레이는 16세기에 피사 대성당 천장에 매달린 커다란 청동 촛대가 흔들리는 모습을 즐겨 바라보았다고 한다. 누군가 향내를 퍼뜨리기 위해서 또는 초를 보충하느라고 촛대를 흔들어놓았을 것이다. 갈릴레오는 촛대의 흔들림에 매료되었다. 촛대를 천장에 매단 줄이 아주 길어서 촛대는 매우 느리게 앞뒤로 흔들렸다. 굉장히 느리게 흔들려서 촛대가 한 번의 흔들림을 완성하고 원위치로 돌아가는 데 걸리는 시간을 잴 수 있을 정도였다. 갈릴레오는 다양한 상황에서 무슨 일이 일어나는지 관찰했다. 촛대는 상황에 따라 다르게 흔들렸다. 어떤 때는 아주 조금만 흔들렸고, 어떤 때는 좀 더 크게 흔들렸다. 하지만 그는 매우 중요한 사실을 알아챘다. 촛대가 완전히 앞뒤로 한 번 흔들리는 데 걸리는 시간은 얼마나 크게 흔들리느냐와 상관없이 항상 일정했다. 촛대를 세게 밀면 더 크게 흔들리지만 더 빠르게 흔들려서 촛대가 제자리로 돌아오는 데 걸리는 시간은 살짝 밀 때와 같았다.

그것은 대단한 발견이었다. (갈릴레오는 촛대가 흔들리는 폭과 상관없이 흔들리는 데 걸리는 시간은 정확히 일정하다고 생각했다. 그러나 실제로는 그렇지 않다. 갈릴레오의 생각은 진폭이 '작은' 진동에 대해서만 정확하게 참이다. 과학자들은 그런 진동을 '단순조화운동'이라고 부른다. 자연에 있는 거의 모든 안정적인 계는 약간 건드려져 평형 상태를 벗어나면 단순조화운동을 한다.) 오래된 추시계는 대략 일주일에 한 번 태엽을 감아야 한다. 갈릴레오의 발견은 추시계가 멈춰서 태엽을 감고 다시 흔들 때 얼마나 세게 흔드느냐는 중요하지 않다는 것을 의미한다. 너무 세게 흔들지만 않는다면 추가 한 번 흔들리는 데 걸리는 시간은 일정할 것이고, 따라서 시계는 전과 다름없이 적당한 속력으로 움직일 것이다. 만일 그렇지 않다면, 추시계는 매우 불편한 장치일 것이다. 시계의 속력을 전과 다름없이 맞추려면 태엽을 감고 다시 흔들 때마다 추의 진폭을 정확히 조절해야 할 테니까 말이다. 실제로 갈릴레오의 예리한 관찰은 추시계의 발명으로 이어졌다. 사용 가능한 추시계는 네덜란드 물리학자 크리스티안 호이겐스가 1650년대에 처음 제작했다.

마지막으로 물리학자의 논리가 과연 생존본능보다 강한지를 흔들이를 이용해서 검사하는 훌륭한 방법을 소개하겠다. 갈릴레오가 지켜보던 대성당 촛대처럼 크고 무거운 흔들이가 있다고 해보자. 흔들이의 추를 끌어당겨서 곁에 있는 물리학자의 코끝에 닿게 한다. 그런 다음에 추를 놓아서 흔들리게 만든다. 추를 밀면 안 되고 가만히 놓아야 한다.

그러면 추는 물리학자의 코에서 멀어졌다가 다시 돌아올 것이다. 물리학자는 움찔하면서 물러날까? 실로 흥미진진한 검사법이 아닐 수 없다. (추는 [누군가 추에 에너지를 공급하지 않는 한] 원위치보다 더 높은 위치에 도달할 수 없다. 실제로 흔들이는 공기의 저항과 연결 지점에서의 마찰 때문에 약간의 에너지를 잃기 마련이므로 원위치와 같은 높이에도 도달하지 못한다. 따라서 물리학자는 가만히 있어도 안전한데도 틀림없이 뒤로 움찔 물러날 것이다.)

사각 바퀴
자전거도
달릴 수 있다고?

o64

자전거는 대부분의 남편 못지않은 동반자일뿐더러
낡아서 초라해지면 사회적 물의를 일으킬 걱정 없이
내버리고 새로 장만할 수 있다.

_앤 스트롱

당신의 자전거가 내 자전거와 비슷하다면 둥근 바퀴가 달렸을 것이다. 당신의 자전거가 한 대이든 두 대이든, 자전거 바퀴들은 틀림없이 둥글 것이다. 그러나 자전거 바퀴가 꼭 둥글 필요는 없다는 말을 들으면 당신은 아마 놀랄 것이다. 모양이 적당한 표면 위에서 타기만 한다면, 정사각형 바퀴가 달린 자전거를 타고 전혀 덜컹거림 없이 매끄럽게 달릴 수 있다.

자전거를 탄 사람의 입장에서 중요한 것은 바퀴가 굴러 자전거가 전진할 때 사람이 위아래로 덜컹거리지 말아야 한다는 점이다. 평평한 표면 위에서 원형 바퀴 자전거를 타면 그런 덜컹거림이 생기지 않는다. 자전거가 직선으로 전진할 때, 자전거 탄 사람의 몸도 직선으로 전진한

다. 반면에 평평한 표면 위에서 사각 바퀴 자전거를 타는 사람은 몸이
위아래로 덜컹거려 몹시 불편할 것이다. 혹시 도로 표면의 모양을 바꾸
면 사각 바퀴 자전거를 타고 매끄럽게 달릴 수 있을까? 사각 바퀴 자전
거를 탄 사람의 몸이 직선으로 전진하게 만드는 그런 모양의 표면이 과
연 있을까?

정답을 들으면 적잖이 놀랄 것이다. 사각 바퀴 자전거를 탄 사람이
안정적으로 전진할 수 있게 해주는 표면 모양은 사슬의 양끝을 공중의
똑같은 높이에 고정시킬 때 사슬이 이루는 모양과 같다. 그 모양은 우
리가 11장에서 다리에 대해 이야기할 때 등장했던 현수선이다. 현수선
을 뒤집어 놓으면 세계 곳곳에 있는 거대한 아치들의 모양이 된다. 그
런 현수선 아치를 직선 방향으로 계속 반복해서 연달아 배치하면, 높이
가 동일한 굴곡들이 이룬 열을 얻을 수 있다. 바로 그런 굴곡들의 열이
사각 바퀴 자전거를 타고 매끄럽게 달리는 데 필요한 표면의 모양이다.
그런 표면에 줄지어 있는 '계곡들'에 회전하는 사각 바퀴의 맨 아래 꼭
짓점이 계속 들어맞도록 운전하기만 하면, 사각 바퀴 자전거를 탄 사람
은 매끄럽게 전진할 수 있다. 적당한 현수선 아치 두 개를 나란히 놓으
면, 둘이 맞닿는 부분에서 직각이 만들어진다. 또 사각 바퀴의 꼭짓점
에서 두 변이 이루는 각도 직각이다. 그러므로 정사각형 바퀴는 현수선

아치가 반복되는 모양의 표면 위에서 매끄럽게 구를 수 있다. (정사각형 바퀴만 매끄럽게 구를 수 있는 것은 아니다. 임의의 정다각형 바퀴가 매끄럽게 구를 수 있는 현수선 모양의 표면이 존재한다. 이때 정다각형의 변의 개수가 많아질수록 정다각형은 점점 더 원을 닮아가고, 현수선을 반복 연결하여 만든 선은 점점 더 직선을 닮아간다. 다시 말해 변의 개수가 매우 많은 정다각형 바퀴가 매끄럽게 구를 수 있는 표면은 거의 평평한 표면이다. 변이 3개인 정다각형, 즉 정삼각형 바퀴는 약간 까다로운 문제를 일으킨다. 변의 개수가 N인 정다각형 바퀴[우리가 살펴본 예에서는 N=4]가 매끄럽게 구를 수 있는 표면을 만드는 데 필요한 현수선의 방정식은 $y=-B\cosh(x/B)$이다. 이때 $B=C\cot(\pi/N)$, C는 상수이다.)

미술관에
감시원을 몇 명
두어야 할까?

누가 감시원들을 감시할 것인가?

_유베날리스(로마 시인)

당신이 커다란 미술관의 관장이라고 상상해보자. 당신은 고가의 회화 작품들을 여러 전시실에 수두룩하게 걸어놓았다. 게다가 작품들을 관객의 눈높이에 맞춰서 상당히 낮게 걸었기 때문에 절도나 훼손을 당할 위험이 있다. 전시실들의 크기와 모양은 다양하다. 이 상황에서 모든 작품을 계속 감시하려면 어떻게 해야 할까? 당신이 돈을 무제한으로 쓸 수 있다면 해결책은 간단하다. 모든 작품 옆에 감시원을 두면 될 테니까 말이다. 그러나 돈이 넘쳐나는 미술관은 극히 드물고, 부유한 기부자들은 기부금을 감시원들의 월급으로 쓰는 것을 못마땅하게 여기는 경향이 있다. 그러므로 현실적으로 당신은 다음과 같은 수학 문제에 직면했다. 작품이 걸린 모든 벽을 감시하려면 감시원을 최소한 몇 명 고

220

용하여 어떻게 배치해야 할까?

우선 벽 N개를 감시하는 데 필요한 감시원의 최소 인원수를 알아야 한다. 벽들은 곧고, 두 벽이 만나는 곳에 있는 감시원은 양쪽 벽을 모두 감시할 수 있으며, 감시원의 시선이 가려지는 일은 결코 없다고 전제하자. 간단히 따져보면 알 수 있듯이, 만일 전시실이 임의의 '볼록한' 다각형이라면, 감시원 한 명을 두는 것만으로도 충분하다.

문제는 전시실이 볼록한 다각형이 아닐 때 더 흥미로워진다. 왼쪽의 전시실은 볼록하지 않으며 벽이 8개 있다. 하지만 위치 O에 감시원 한 명을 두면 모든 벽을 감시할 수 있다. 따라서 이 전시실은 매우 경제적으로 운영할 수 있다.

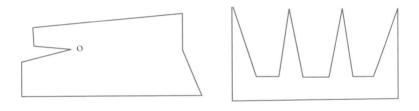

반면에 벽이 12개 있는 오른쪽의 전시실은 그리 효율적이지 못하다. 이 전시실의 모든 벽을 감시하려면 감시원 4명이 필요하다.

문제를 풀기 위해서 전시실 평면을 서로 겹치지 않는 삼각형들로 분할해보자. 이 분할은 언제나 가능하다. 꼭짓점이 S개 있는 다각형을 분할하면 삼각형이 S−2개 나온다. 그런데 삼각형은 볼록한 다각형이어서 감시원이 한 명만 필요하므로, 어떤 전시실을 서로 겹치지 않는 삼각형 T개로 분할할 수 있다면, 그 전시실을 완전히 감시하는 데는 T명 이

하의 감시원으로 충분하다. 예컨대 정사각형을 대각선을 따라 분할하면 삼각형 두 개가 만들어지는데, 정사각형 전시실의 모든 벽을 감시하는 데 필요한 감시원은 두 명이 아니라 한 명이다. 일반적으로 벽이 W개 있는 전시실을 완전히 감시하는 데 필요한 감시원의 수는 최대 W/3의 정수 부분과 같다. 위의 두 번째 전시실, 즉 벽이 12개 있고 빗을 닮은 전시실은 W/3의 정수 부분이 4인 반면, 벽이 8개 있는 첫 번째 전시실은 W/3의 정수 부분이 2이다. 그런데 이미 언급했듯이 필요한 감시원의 수는 첫 번째 전시실에는 1명, 두 번째 전시실에는 4명이다. 이처럼 실제로 필요한 감시원의 수는 위의 최대 수(W/3의 정수 부분)와 다를 수 있는데, 이 일치 여부를 판정하는 문제는 안타깝게도 '어려운' 컴퓨터 문제(27장 참조)에 속한다. 즉, 이 문제를 컴퓨터로 해결하는 데 걸리는 시간은 벽의 개수가 하나 늘어날 때마다 두 배로 증가할 수 있다.

거의 모든 미술관 전시실의 윤곽은 위의 예들처럼 비뚜름하거나 톱니 모양이 아니다. 전시실의 벽들은 대체로 다음 그림에서처럼 직각으로 만난다.

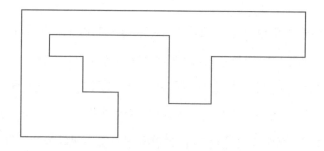

이런 직각 다각형 전시실에 여러 꼭짓점(귀퉁이)들이 있다면, 전시실 전체를 항상 감시하기 위하여 꼭짓점들에 배치해야 할 감시원의 최대

수는 '1/4×꼭짓점의 개수'의 정수 부분과 같다. 꼭짓점이 14개 있는 위의 전시실의 경우, 필요한 감시원의 최대 수는 3명이다. 이처럼 벽들이 직각으로 만나는 전시실은 그렇지 않은 전시실보다 훨씬 더 경제적으로 운영할 수 있다. 만일 당신의 전시실에 벽이 150개 있다면, 벽들이 직각으로 만나지 않을 경우 필요한 감시원의 최대 수는 50명인 반면,

벽들이 직각으로 만날 경우 필요한 감시원의 최대 수는 37명이다.

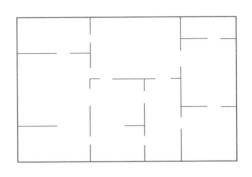

또 다른 전통적인 유형의 직각 전시실은 다음 그림처럼 작은 방들로 구획된다.

직각 전시실을 이렇게 서로 겹치지 않는 직사각형들로 분할하는 일은 언제나 가능하다. 두 방을 연결하는 통로에 감시원을 배치하면 양쪽 방을 한꺼번에 감시할 수 있기 때문에 이 구조는 유용하다. 그러나 어떤 감시원도 3개 이상의 방을 한꺼번에 감시할 수 없다. 따라서 전시실을 완전히 감시하는 데 필요한 감시원의 최대 수는 '1/2×방의 개수'의 정수 부분과 같다. 위의 그림에서는 방이 10개 있으므로, 필요한 감시원의 최대 수는 5명이다. 매우 경제적인 셈이다.

지금까지 사람이 벽을 감시하는 상황을 이야기했지만, 이는 CCTV 카메라나 조명을 설치하는 상황에도 적용할 수 있다. 그러므로 이 이야기를 잘 이해했다면, 당신은 『모나리자』를 훔치는 데 필요한 지식을 얻은 것이다.

066

감옥에는 감시원이 몇 명 필요할까?

내가 만난 모든 범죄자를 통해 깨달은 바인데,
범죄자는 누구나 하는 짓을 약간 더 심하게 할 뿐이다.
_데이비드 카터(미국 지방법원 판사)

감시원이 필요한 건물은 미술관에 국한되지 않는다. 감시원은 감옥과
요새에도 필요하다. 그러나 미술관과 반대로 감옥과 성에서는 내부의
벽들이 아니라 외부의 벽들을 감시해야 한다.

다각형 요새의 꼭짓점(모퉁이)들에 감시원을 배치하여 모든 외벽들을
감시하려면 몇 명을 배치해야 할까? 정답은 간단하다. 필요한 감시원
의 인원수 '1/2 × 꼭짓점의 개수' 이상인 최소 정수이다. 예컨대 꼭짓점
이 11개 있는 요새라면, 감시원 6명이 필요하다. 게다가 미술관 문제에
서와 달리 이 인원수는 정확히 필요하면서도 충분한 인원수이다. '1/2
× 꼭짓점의 개수' 이상인 최소 정수보다 적은 인원수는 불충분하고 많
은 인원수는 불필요하다. 반면에 미술관 내부를 감시하는 문제에서 우

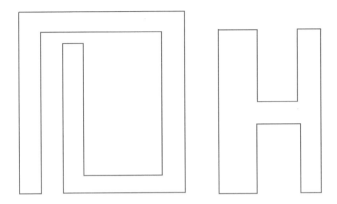

리는 필요한 감시원의 최대 수만 알아낼 수 있었다.

미술관을 다룰 때 그랬던 것처럼 벽들이 직각으로 만나는 감옥을 생각해볼 수 있다. 감옥의 외벽이 위의 그림들처럼 직각으로 배치되었다고 상상해보자.

이 직각 감옥들의 경우에 외벽 전체를 감시하는 데 필요한 감시원의 수는 '1/4×꼭짓점의 개수' 이상인 최소 정수 더하기 1과 같다. 이 수보다 적은 인원으로는 외벽 전체를 감시할 수 없고 많은 인원은 불필요하다. 위의 두 감옥에는 꼭짓점이 각각 12개 있다. 그러므로 필요한 감시원은 3+1=4명이다.

067

간단한 기하학 지식으로 가능한 당구 묘기

스티브가 분홍색 공을 겨누고 있습니다.
흑백 텔레비전 시청자를 위해서 말씀드리지만,
분홍색 공은 녹색 공 옆에 있습니다.

_테드 로우(왕년의 BBC 방송 당구 해설자)

과거에 어떤 사람들은 아이들이 깨어 있는 시간의 대부분을 컴퓨터 게임에 몰두하면 수학과 계산 실력이 향상된다는 말에 고개를 끄덕였다. 나는 늘 궁금했다. 그들은 아이들이 그 많은 시간을 당구장에서 보내면 뉴턴 역학에 대한 지식이 향상된다는 말에도 고개를 끄덕일까? 아무튼, 간단한 기하학 지식이 있으면 적어도 초보자가 보기에 대단한 당구 묘기를 할 수 있다.

공을 놓고 쳐서 공이 3쿠션으로 당구대를 한 바퀴 돌아 원래 자리로 돌아오게 만드는 묘기에 도전해보자. 우선 쉬운 예로 정사각형 당구대를 생각해보자. 이 예에서는 모든 것이 깔끔하고 대칭적이다. 가장 먼저 생각나는 방법은 한 변의 중앙에 공을 놓고 비스듬히 45도 각도로

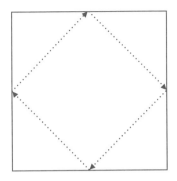

치는 것이다. 그러면 공은 인접한 변의 중앙에 45도로 부딪혀 튕기면서 위의 그림에 점선으로 표시된 완벽한 정사각형 경로로 움직일 것이다.

당연한 말이지만, 특정한 쿠션을 먼저 맞힐 필요는 없다. 당신이 정사각형 점선 경로의 임의의 위치에 공을 놓고 그 경로로 치기만 하면, 공은 (너무 약하게 치지만 않는다면) 결국 처음 위치로 돌아올 것이다. 더 나아가 공이 정확히 처음 위치에서 멈추게 만들려면, 상당한 솜씨가 필요하다.

안타깝게도 정사각형 당구대는 흔하지 않다. 현대의(스누커 게임용) 당구대는 정사각형 두 개를 연결한 형태이며 표준 규격이 3.5m×1.75m이다. 중요한 것은 당구대의 길이가 폭의 두 배여야 한다는 점이다. 이런 직사각형 당구대에서 위의 묘기를 하려면 공을 어디에 놓고 어떻게 쳐야 할까?

참조를 위해 대각선까지 표시한 다음 그림을 보라. 가장 먼저 생각나는 방법은 대각선과 평행하게 공을 쳐서 각 변을 당구대의 길이 대 폭 비율인 2:1로 분할하는 지점을 맞히는 것이다. 다시 말해 공의 경로와 당구대의 긴 변이 이루는 각의 탄젠트 값이 1/2, 따라서 그 각이 26.57도이고, 공의 경로와 당구대의 짧은 변이 이루는 각이 90−26.57=63.43

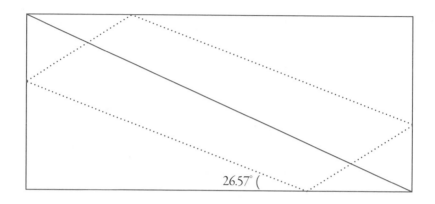

26.57° (

도여야 한다. 이 경로는 위의 그림에 점선 평행사변형으로 표시되었다.

표준 규격이 아닌 당구대에서 묘기를 하려면 계산을 다시 해야 한다. 일반적으로, 공을 치는 방향과 당구대의 긴 변 사이 각의 탄젠트 값은 당구대의 폭 나누기 길이(표준 당구대에서는 1/2, 정사각형 당구대에서는 1/1)와 같아야 한다.

여자 형제의
총수 구하기

068

자매애는 강하다.
_로빈 모건(영국 언론인)

중국에서 일어나는 가장 기이한 현상 중 하나는 점점 더 심각해지는 '한 자녀' 정책의 결과이다. 중국의 도시 인구에서 예외적인 쌍둥이들(대개 전체 인구의 1%)을 제외한 모든 사람이 외동아들이거나 외동딸이다. (농촌에서는 첫 자녀가 장애아이거나 딸이면 3년 후에 둘째 아이를 낳는 것이 허용된다.) 사정이 이렇다 보니 모든 아이가 부모의 과보호를 받을 가능성이 높아졌고 '소황제 신드롬'이라는 용어까지 등장했다. 미래에는 형제나 자매나 아주머니나 아저씨가 있는 사람이 거의 없어질 것이다. '형제애' 같은 개념은 점차 의미를 상실할 것이다.

얼핏 생각하면 형제와 자매 사이에 기이한 비대칭성이 존재하는 듯하다. 만일 자녀가 아들 하나와 딸 하나라면, 아들에게는 여자 형제가 있는 반면 딸에게는 여자 형제가 없다. 만일 자녀가 넷인데 딸이 셋이고 아들이 하나라면, 아들은 여자 형제가 3명 있고, 딸 각각은 여자 형제가 2명 있다(따라서 아들의 여자 형제 3명과 딸들의 여자 형제 3×2=6명이 있다). 딸 각각은 다른 두 딸만 여자 형제로 가지는 반면에 아들은 세 딸 전부를 여자 형제로 가진다. 그러므로 아들의 여자 형제가 딸의 여자 형제보다 항상 많은 것처럼 보인다.

이것은 역설적인 결론인 듯하다. 더 꼼꼼히 따져보자. 만일 자녀가 n명인데 딸이 g명 아들이 $n-g$명이라면, 아들들의 여자 형제 총수는 $g(n-g)$이고 딸들의 여자 형제 총수는 $g(g-1)$이다. 이 두 수는 오로지 $g=(n+1)/2$일 때만 서로 같다. 그런데 n이 짝수라면 g가 정수가 아닐 것이므로 앞의 등식은 절대로 성립할 수 없다.

수수께끼는 자녀의 성별이 다양할 수 있다는 점에서 비롯된다. 자녀 3명은 아들 3명일 수도 있고, 딸 3명일 수도 있고, 아들 2명과 딸 1명, 또는 아들 1명과 딸 2명일 수도 있다. 신생아가 아들일 확률과 딸일 확률이 똑같이 1/2이라고 전제하면 (약간 비현실적인 전제이긴 하지만) 자녀 n명의 가능한 성별 구성은 (자녀들의 순서까지 고려하면) 2^n가지이다. 자녀가 n명이고 그중 딸이 g명이라면, 자녀들의 가능한 성별 구성은 ^nC_g(^nC_g는 n개의 선택지 중에서 g개를 뽑는 경우의 수를 의미하며 $n!/\{g!(n-g)!\}$와 같다)이고 아들들의 여자 형제 총수는 $g(n-g)$이다. 우리는 자녀 n명의 가능한 성별 구성이 2^n가지라는 점을 염두에 두고서, 자녀가 n명일 때 아들들의 여자 형제 총수의 평균을 구해야 한다. 이 평균은 가능한 g의 값 0, 1, 2, …, n 각각에 대해서 아들들의 여자 형제 총수를 다 더한 결과를 모든 가능한 성별 구성 2^n으로 나누면 나온다. 다시 말해 자녀가 n명일 때 아들들의 여자 형제 총수의 평균 b_n은 다음과 같다.

$$b_n = 2^{-n} \Sigma_g \, {}^n C_g \times g(n-g)$$

비슷한 논증을 통해서 자녀가 n명일 때 딸들의 여자 형제 총수의 평균 g_n을 다음과 같이 계산할 수 있다.

$$g_n = 2^{-n} \Sigma_g \, {}^n C_g \times g(g-1)$$

위의 두 식은 겉보기에 복잡하지만, 그것들의 답은 훨씬 더 간단하다. 놀랍게도 아들들의 여자 형제 총수의 평균과 딸들의 여자 형제 총수의 평균은 같다. 구체적으로 $b_n = g_n = \frac{1}{4} n(n-1)$이다. 하지만 이 값은 평균이라는 점에 유의해야 한다. 다시 말해 자녀가 n명인 모든 가정에서 아들들의 여자 형제 총수와 딸들의 여자 형제 총수가 똑같이 $\frac{1}{4} n(n-1)$인 것은 아니다. 예컨대 n=3일 때 $b_n = g_n = 1.5$인데, 아들들이나 딸들의 여자 형제 총수가 1.5인 가정은 실제로 있을 수 없다. n=4일 때 $b_n = g_n = 3$이다. n이 커지면, b_n과 g_n은 n/2의 제곱에 수렴한다. 아래 표는 자녀가

자녀가 셋일 때 성별 구성	가능한 경우의 수	아들들의 여자 형제 수	딸들의 여자 형제 수
아들 3명	1	0	0
아들 2명, 딸 1명	3	2	0
아들 1명, 딸 2명	3	2	2
딸 3명	1	0	6

셋일 때 가능한 상황들을 보여준다.

따라서 아들들의 여자 형제 총수는 둘째 행과 셋째 행에 입각하여 $3 \times 2 + 3 \times 2 = 12$이며, 딸들의 여자 형제 총수는 셋째 행과 넷째 행에 입각하여 $3 \times 2 + 1 \times 6 = 12$이다. 그런데 자녀가 셋일 때 가능한 성별 구성의 총 가짓수는 8이므로, 아들들의 여자 형제 총수의 평균과 딸들의 여자 형제 총수의 평균은 12/8=1.5이다. 이는 n=3일 때 $\frac{1}{4} \times n \times (n-1)$과 같다.

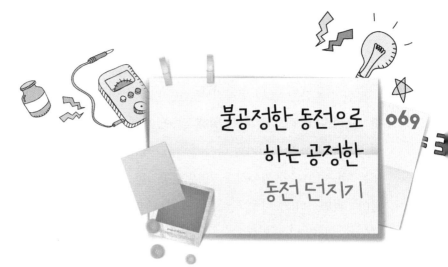

069

불공정한 동전으로 하는 공정한 동전 던지기

약간 놀라운 일입니다.
케임브리지가 동전 던지기에서 이겼습니다.
_해리 카펜터(BBC 스포츠 해설자)

두 가지 선택지 가운데 하나를 아무 편견 없이 선택하려 할 때 우리는 가끔 동전을 이용한다. 다양한 운동 경기를 시작할 때 심판은 동전을 던지면서 양 팀 주장에게 '앞'이나 '뒤'를 선택하라고 요구한다. 동전 던지기로 도박 게임을 고안할 수도 있다. 두 개 이상의 동전을 동시에 던진다면, 가능한 결과들이 더 많아질 것이다. 그런데 당신의 수중에 불공정한 동전만 있다고 가정해보자. 그 불공정한 동전을 던졌을 때 '앞(H)'이나 '뒤(T)'가 나올 확률은 똑같이 1/2이 아니다. 또는 상대방이 준비해 온 동전이 공정하지 않다는 의심을 당신이 강하게 품었다고 해보자. 이런 경우에 설령 불공정한 동전을 던지더라도 두 가지 결과를 똑같은 확률로 공정하게 얻는 방법이 혹시 있을까?

당신이 동전을 두 번 던지되, 동일한 결과가 연거푸 나오면 그 결과를 무시한다고 해보자. 다시 말해 '앞-앞(HH)'이나 '뒤-뒤(TT)'가 나오면 무시하고 동전 던지기를 다시 한다. 그러면 최종 결과는 '앞-뒤(HT)' 또는 '뒤-앞(TH)'만 가능하다. 만일 불공정한 동전에서 '앞'이 나올 확률이 p라면, '뒤'가 나올 확률은 1-p이다. 따라서 HT가 나올 확률은 p(1-p), TH가 나올 확률은 (1-p)p이다. 이 두 확률은 확률 p가 얼마냐에 상관없이 서로 같다. 그러므로 우리가 동전을 두 번 던진 결과 HT를 '앞'으로 정하고 TH를 '뒤'로 정하기만 하면, '앞'이 나올 확률과 '뒤'가 나올 확률이 같아진다. 그러면 동전이 얼마나 불공정한지 알려주는 p의 값을 몰라도 공정한 동전 던지기를 할 수 있다. (이 묘수는 위대한 수학자이자 물리학자이며 컴퓨터 개척자인 존 폰 노이만에 의해 고안되어 컴퓨터 알고리즘 구성에 널리 쓰였다. 이후 학자들은 '앞' 상태와 '뒤' 상태를 더 효율적으로 정의하는 방법들을 추구했다. 우리의 정의는 HH와 TT를 모두 버려야 하기 때문에 '시간' 낭비다.)

동어반복의
마법

070

리스 목 경이 알려주는 진실의 정반대를 전제하면
현대 세계의 사건을 이해하는 데 큰 도움이 된다.

_리처드 인그램스(인그램스와 리스 목 경은 영국 저널리스트)

'동어반복'은 무의미를 연상시키는, 어감이 나쁜 단어이다. 개인적으로
나는 '동어반복'을 '관념이나 문장이나 단어의 불필요한 반복'으로 정의
한다. 공식적으로 동어반복이란 어떤 경우에도 항상 참인 문장, 예컨대
'모든 붉은 개는 개이다'와 같은 문장이다. 그러나 동어반복이 아무 쓸
모없다는 것은 그릇된 생각이다. 때때로 동어반복은 앎을 얻는 유일한
길일 수도 있다. 다음 상황에서 당신의 생사는 동어반복 찾기에 달려
있다.

　당신이 문이 두 개 있는 감방에 갇혔다고 상상해보자. 한쪽 문은 빨
간색, 다른 쪽 문은 검은색이다. 한쪽 문으로 나가면 확실히 죽고 다른
쪽 문으로 나가면 안전한데, 당신은 어느 문이 죽음의 문인지 모른다.

각각의 문 옆에는 전화기가 있다. 당신은 그 전화기로 조언자와 통화할 수 있고, 조언자는 당신이 어느 문으로 나가야 안전한지 알려줄 것이다. 문제는 한 조언자는 항상 참말을 하고 다른 조언자는 항상 거짓말을 하는데 당신은 어느 조언자가 참말을 하는지 모른다는 점이다. 당신은 조언자에게 질문을 한 번 할 수 있다. 당신은 어떤 질문을 해야 할까?

다음과 같이 아주 간단한 질문을 한다고 해보자. "나는 어느 문으로 나가야 할까요?" 참말을 하는 조언자는 (만일 빨간색 문이 죽음에 이르는 문이라면) 검은색 문으로 나가라고 말할 것이고, 거짓말을 하는 조언자는 빨간색 문으로 나가라고 말할 것이다. 그러나 당신은 어느 조언자가 참말을 하는지 모르므로, 조언자의 대답은 당신에게 도움이 되지 않는다. 조언자의 대답에 의지하여 문을 선택하든 무작위로 문을 선택하든 마찬가지다. 그러므로 "나는 어느 문으로 나가야 합니까?"라는 질문에 대한 대답은 동어반복이 아니다. 이 질문은 다양한 대답을 도출할 수 있다.

다른 한편 이렇게 질문을 한다고 해보자. "다른 조언자는 내게 어느 문으로 나가라고 조언할까요?" 이 질문은 더 흥미로운 상황을 빚어낸다. 참말을 하는 조언자는 거짓말을 하는 조언자가 치명적인 빨간색 문으로 나가라고 조언하리라는 것을 안다. 따라서 그는 다른 조언자가 빨간색 문으로 나가라고 조언할 것이라고 대답할 것이다. 반대로 거짓말을 하는 조언자는 참말을 하는 조언자가 안전한 검은색 문으로 나가라고 조언하리라는 것을 안다. 따라서 그는 다른 조언자가 빨간색 문으로 나가라고 조언할 것이라고 거짓말로 대답할 것이다.

놀랍게도 당신은 위의 질문으로 목숨을 건질 수 있다. 당신이 이 질문을 하면, 어느 조언자가 대답하든 상관없이 '다른 조언자가 **빨간색 문**으로 나가라고 조언할 것'이라는 대답이 돌아온다. 이 질문에 대한 대답은 동어반복이다(항상 동일하다). 따라서 당신이 살 길은 명백하다. 먼저 "다른 조언자는 내게 어느 문으로 나가라고 조언할까요?"라고 질문하라. 그리고 대답에 어느 문(빨간색 문)이 등장하는지 귀 기울여 듣고, 그 문이 아닌 다른 문(검은색 문)으로 나가라.

테니스 라켓의 회전이 끼치는 영향

속력 때문에 죽은 사람은 한 명도 없다.
인명을 앗아가는 것은 갑작스런 멈춤이다.

_제러미 클락슨(영국 방송인)

어떤 물체들은 다른 물체들에 비해 움직이기가 더 어렵다. 대부분의 사람들은 물체를 움직이기가 얼마나 어려운가는 오직 물체의 무게에 달려 있다고 생각한다. 물론 물체가 무거울수록 움직이기 어려운 것은 사실이다. 그러나 다양한 물체들을 움직여 보면, 물체의 무게가 어떻게 분포하느냐 역시 물체를 움직이기 어려운 정도에 큰 영향을 미친다는 것을 발견할 수 있다. 무게가 한 곳에 집중된 물체일수록 더 쉽게 움직이고 더 빠르게 흔들린다(2장 참조). 스핀 동작을 시작하는 피겨스케이트 선수를 보라. 선수는 팔을 벌린 채로 동작을 시작하여 양손을 차츰 가슴 앞으로 모은다. 그 결과 스핀의 회전수는 점점 증가한다. 선수의 무게가 몸의 축 근처에 집중될수록, 선수는 더 빠르게 움직인다. 반대로

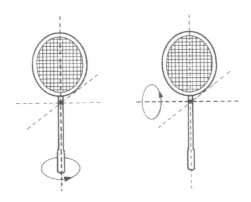

튼튼한 건물을 짓는 데 쓰이는 대들보들은 단면이 H자 모양이다. 그런 대들보는 무게의 대부분이 중심축에서 떨어진 곳에 분산되어 있기 때문에 변형력을 받아도 좀처럼 움직이거나 휘어지지 않는다.

물체가 운동하지 않으려는 정도를 일컬어 '관성'이라고 한다. 관성은 물체의 총 질량과 질량 분포에 의해 결정된다. 또 물체의 질량 분포는 물체의 모양에 의해 결정된다. 2장에서처럼 이번에도 회전 운동에 대해 이야기하자면, 간단한 물체인 테니스 라켓을 흥미로운 예로 삼을 수 있다. 테니스 라켓은 모양이 특이하며 서로 독립적인 세 방향으로 회전할 수 있다. 첫째, 테니스 라켓을 바닥에 눕혀놓고 중심점을 고정한 채로 회전시킬 수 있다. 둘째, 테니스 라켓을 세워놓고 손잡이를 돌려서 회전시킬 수 있다. 셋째, 테니스 라켓의 손잡이를 잡고 있다가 공중으로 던져서 라켓이 공중돌기를 하며 내려와 다시 손잡이가 손에 잡히도록 할 수 있다.

테니스 라켓을 이렇게 세 방향으로 회전시킬 수 있는 까닭은 공간에 서로 직각인 세 방향이 있고 테니스 라켓은 그 세 방향 각각을 축으로 삼아 회전할 수 있기 때문이다. 테니스 라켓은 어느 축을 중심으로 회전하느냐에 따라서 다르게 움직인다. 어느 축을 기준으로 삼는지에 따라서 테니스 라켓의 질량 분포가 다르고 따라서 관성도 다르기 때문이다. 앞의 그림은 두 축(수직축과 가로축)을 중심으로 삼은 두 가지 회전을 나타낸다.

당신이 라켓을 공중으로 던져서 앞에서 언급한 세 방향으로 회전하도록 만들어보면 한 가지 특이한 속성을 목격할 수 있다. 라켓의 관성이 최대가 되는 축이나 최소가 되는 축을 중심으로 삼은 회전은 단순하다. 다시 말해 라켓을 바닥에 눕혀놓고 돌릴 때처럼 회전시키거나 바닥에 세워놓고 돌릴 때처럼 회전시키면 특이한 일이 일어나지 않는다. 반면에 라켓의 관성이 최대와 최소 사이의 중간이 되는 축을 중심으로 라켓을 회전시키면(앞의 오른쪽 그림의 회전) 특이한 일이 일어난다. 다음과 같이 해보라. 우선 라켓의 손잡이를 잡고 마치 프라이팬을 들 때처럼 헤드의 면이 위를 향하도록 든다. 그다음 헤드의 윗면과 아랫면을 구분하기 위해서 분필 따위로 윗면을 표시하고 라켓을 공중으로 던진다. 라켓이 360도 회전하면서 내려와 손잡이가 제자리로 오면 다시 잡는다. 이제 라켓의 헤드를 살펴보면, 아랫면에 있을 것이다. 요컨대 라켓은 공중에서 앞뒤로 회전함과 동시에 옆으로 뒤집혔을 것이다(반드시 뒤집히지는 않지만, 대개 뒤집힌다).

물체의 관성이 중간이 되는 축을 중심으로 삼은 회전은 불안정하다. 그런 회전을 하는 물체는 정확한 중심선을 약간만 벗어나도 뒤집힌다. 이 뒤집힘은 때때로 유용하다. 체조선수는 평균대 위에서 공중제비를 하면서 비틀기를 함께 하면 더 높은 점수를 받을 수 있을 것이다. 그런데 때때로 비틀기는 공중돌기의 불안정성 때문에 자동으로 이루어진다.

불안정한 회전과 관련한 심각한 사례도 있다. 몇 년 전에 국제우주정거장과 러시아 공급선이 도킹하는 과정에서 타이밍이 어긋나 충돌이 발생했다. 정거장은 손상을 입었고 느리게 회전하기 시작했다. 다행히 연료가 남은 역추진 로켓들이 있어서 그것들을 점화하면 회전을 늦추어 정거장을 원래의 평형상태로 되돌릴 수 있었다. 그러나 어떤 로켓들을 어떻게 점화해야 하는가가 문제였다. 현재의 회전을 상쇄하기 위해서 정거장을 어떤 방향으로 회전시켜야 할까?

영국 우주인 마이클 폴스는 정거장의 손상되지 않은 구역에 틀어박혀 지상과 통신하고 노트북에 의지해 이 문제를 풀어야 했다. 가장 중요한 일은 우주정거장이 세 회전축에 대해서 갖는 관성을 알아내는 것이었다. 역추진 로켓들을 섣불리 점화하면 정거장이 중간 관성 축을 중심으로 회전하여 대참사가 발생할 우려가 있었다. 테니스 라켓의 불안정한 공중돌기에 동반되는 뒤집힘은 나쁜 결과로 이어지지 않지만, 우주정거장이 불안정하게 회전하다가 뒤집히면 우주정거장은 해체되고 우주인들은 전멸하며 25만kg에 달하는 우주쓰레기가 사방으로 흩어져 천문학적인 손실이 발생할 것이다. 나사NASA는 우주정거장의 세 회전축에 대한 관성을 몰랐다. 그것을 알 필요가 있다고 생각한 사람은 아무도 없었다. 그리하여 폴스는 정거장의 설계도를 보고 관성을 알아내야 했고, 현재의 회전을 상쇄하기 위해 여러 방향으로 로켓을 점화했을 때 정거장이 어떻게 반응할지 계산해야 했다. 다행히 그는 중간 관성 축을 중심으로 삼은 회전이 불안정하다는 사실을 알고 있어서 모든 계산을 올바로 했다. 결국 충돌로 발생한 위험한 회전은 수정되었고 우주인들은 목숨을 건졌다. 이처럼 때때로 수학은 생사를 좌우한다.

072 효과적으로
짐 꾸리기

여행을 하면서 나는 출발할 때 필요하다고 생각하는 양보다
물은 네 배, 돈은 두 배, 옷은 절반이 필요하다는 것을 배웠다.
_가빈 에슬러(영국 작가, 방송인)

옛날에 어느 소년이 낯선 사내로부터 커다란 유리 단지와 테니스공 한 상자를 받았다. 유리 단지의 뚜껑은 돌려서 여는 것이었다. 사내는 소년에게 테니스공들로 단지를 채우라고 지시했다. 그는 공 몇 개를 집어넣고 이리저리 밀어 여백을 만든 후에 간신히 하나를 더 집어넣고 뚜껑을 돌려 닫았다. 사내가 물었다. "단지가 꽉 찼니?" 소년이 대답했다. "예, 꽉 찼어요." 그러자 사내는 구슬 한 상자를 주면서 단지에 넣어보라고 했다. 소년이 뚜껑을 열고 구슬을 넣어보니 테니스공들 틈에 꽤 많은 구슬을 넣을 수 있었다. 이따금 단지를 흔들면 구슬이 더 들어갈 자리가 생겼다. 결국 구슬을 더 넣을 수 없게 되자 소년은 이제 단지가 꽉 찼다고 자신 있게 말했다. 그러자 사내는 모래주머니를 내밀면서 단지에 넣어보라고 했다. 소년은 다시 뚜껑을 돌려 열고 단지 주둥이로 모래를 쏟아 부었다. 이번에는 손을 분주하게 놀릴 필요도 없었다. 그저 가끔 단지를 흔들어 모래가 테니스공과 구슬들 사이의 빈틈에 빠짐없이 들어가도록 해주기만 하면 충분했다. 마침내 모래를 더 이상 넣을 수 없게 되자 소년은 뚜껑을 다시 닫았다. 이제 정말로 단지가 꽉 찼다!

이 이야기에서 몇 가지 교훈을 얻을 수 있다. 만일 사내가 소년에게 가장 먼저 모래를 주고 단지를 채우라고 했다면, 구슬이나 테니스공이 들어갈 자리는 없었을 것이다. 나중에 다른 물체들이 들어갈 틈이 있으려면 가장 큰 물체부터 채우기 시작해야 한다. 채우기 문제들에서도 마찬가지다. 많은 물체들을 트럭에 실어야 한다면, 어떻게 싣는 것이 가장 효과적일까? 위의 이야기는 물체의 크기순으로 가장 큰 것부터 싣고 가장 작은 것은 맨 마지막에 실어야 한다는 것을 보여준다.

물체들의 모양도 중요하다. 대량생산되어 저장되고 운반되는 물체들은 흔히 크기가 똑같다. 사탕 단지나 대형 저장용기에 최대한 많은 사탕을 집어넣으려면 사탕의 모양은 어떠해야 할까? 정답은 사탕을 작은 공 모양으로 만드는 것이라고 많은 이들이 생각해왔고, 작은 공들이 쌓여있으면 빈틈이 가장 조금 생겨나는 듯했다. 그러나 흥미롭게도 공 모양이 최선이 아니라는 사실이 밝혀졌다. 사탕을 작은 럭비공(타원체) 모양으로 만들면, 정해진 공간에 더 많은 사탕을 채울 수 있다. 즉 아몬드들이 눈깔사탕들보다 공간을 더 효율적으로 채운다. 단축 대 장축의 비율이 1:2인 타원체들로 공간을 채우면 빈틈이 32%만 남는 반면, 공들로 공간을 채우면 빈틈이 36% 남는다. 사소해 보이지만 생산 공정의 효율성, 과도한 포장 방지, 운송비 절약 등과 관련해 중요한 의미를 갖는다.

복잡한 짐 효율적으로 꾸리기

073

내 가방들은 전부 꽉 찼어.
나는 갈 준비가 되었어.

_존 덴버(미국 가수)

앞 장에서는 깔끔하고 단순한 단지 채우기 문제를 다뤘다. 우리는 가장 큰 것부터 크기 순서대로 물체들을 단지에 채워 넣었다. 하지만 현실에서는 문제가 더 까다로울 수도 있다. 예컨대 크기가 다양한 물건들로 여러 상자를 채워야 하는 경우가 있을 수 있다. 다양한 크기의 물건들을 어떻게 분배해야 상자를 가장 적게 쓰면서 물건들을 다 담을 수 있을까? 더 나아가 '채우기'는 공간 채우기뿐 아니라 시간 채우기를 뜻할 수 있다. 당신이 복사 가게 사장이라고 해보자. 당신은 24시간 내내 고객을 위해 다양한 크기의 문서들을 복사한다. 최소 개수의 복사기로 일일 작업량을 채우려면 다양한 복사 작업들을 기계들에 어떻게 할당해야 할까?

채워 넣을 물건의 수와 '상자'의 수가 커질 경우, 이 문제들을 컴퓨터로 풀려면 아주 긴 시간이 필요하다.

최대 용량이 10인 대형 상자들을 사용할 수 있는데, 다양한 크기의 꾸러미 25개를 가장 효율적인 방식으로 최소 개수의 상자에 담아야 한다고 해보자. 꾸러미들 각각의 크기는 다음과 같다.

6, 6, 5, 5, 5, 5, 4, 3, 2, 2, 3, 7, 6, 5, 4, 3, 2, 2, 4, 4, 5, 8, 2, 7, 1

우선, 이 꾸러미들이 컨베이어벨트에 실려서 오기 때문에 꾸러미들을 마음대로 분류할 수 없고 도착하는 대로 하나씩 상자에 담아야 한다고 가정하자. 가장 쉬운 전략은 첫 상자에 꾸러미들을 채우다가 넘치면 다음 상자에 채우기 시작하는 것이다. 당신은 과거에 채우다가 놔둔 상자를 다시 채울 수 없다. 왜냐하면 과거의 상자들은 이미 치워졌기 때문이다. 이 채우기 전략은 '다음 맞춤Next Fit'이라고 한다. 다음의 대괄호([ ])들 각각은 다음 맞춤 전략으로 채운 상자와 그 내용물을 나타낸다. 첫 상자(맨 왼쪽의 대괄호)에는 크기가 6인 꾸러미가 들어간다. 크기가 역시 6인 둘째 꾸러미는 첫 상자에 들어갈 수 없으므로 둘째 상자에 들어간다. 크기 5인 셋째 꾸러미는 둘째 상자에 들어갈 수 없으므로 다음 상자에 들어간다. 이런 식으로 다음 맞춤 전략에 따라 상자들을 채워나가면 다음의 결과가 나온다.

[6], [6], [5, 5], [5, 5], [4, 3, 2], [2, 3], [7],
[6], [5, 4], [3, 2, 2], [4, 4], [5], [8, 2], [7, 1]

상자를 14개 사용했는데 그중 3개만([5, 5] 2개와 [8, 2] 1개) 꽉 채워져서 상자들에 남은 자투리 공간의 총합은 4+4+1+5+3+4+1+3+2+5+2=34 이다.

이렇게 많은 공간이 낭비되는 이유는 우리가 과거의 상자로 되돌아 갈 수 없기 때문이다. 만일 자투리 공간이 남은 과거 상자로 되돌아갈 수 있다면, 채우기의 효율성은 얼마나 더 향상될까? 그렇게 과거 상자로 회귀하는 것을 허용하는 채우기를 일컬어 '처음 맞춤First Fit' 채우기라고 한다. 처음 맞춤 전략에 따라서 상자들을 채운다면, 다음 맞춤 전략에 따를 때와 마찬가지로 우선 첫 상자와 둘째 상자에 크기 6인 꾸러미가 하나씩 들어가고 이어서 셋째 상자와 넷째 상자에 크기 5인 꾸러미가 2개씩 들어간다. 하지만 그다음에 크기 4인 꾸러미는 다음 맞춤 때와 달리 자투리 공간이 남은 첫 상자에 들어간다. 다음은 크기 3인 꾸러미인데, 이 꾸러미는 둘째 상자에 들어간다. 다음으로 크기 2인 꾸러미 두 개와 크기 3인 꾸러미 1개는 다섯째 상자에 들어간다. 이런 식으로 계속 상자들을 채우다가 맨 마지막에 크기 1인 꾸러미를 둘째 상자에 넣으면 다음의 결과가 완성된다.

[6, 4], [6, 3, 1], [5, 5], [5, 5], [2, 2, 3, 3],
[7, 2], [6, 4], [5, 2, 2], [4, 4], [5], [8], [7]

처음 맞춤은 다음 맞춤보다 훨씬 효율적이다. 상자는 12개만 쓰였고, 낭비된 공간은 1+1+2+5+2+3=14로 줄었다. 우리는 상자 6개를 완전히 채우는 데 성공했다.

246

이제 더 효율적인 채우기 전략을 궁리해보자. 공간 낭비는 우리가 뒤늦게 큰 꾸러미를 만날 때 발생하는 경향이 있다. 그럴 경우 과거 상자들에는 작은 공간만 남아 있기 때문에, 우리는 새 꾸러미 각각을 새 상자에 넣을 수밖에 없다. 따라서 우리가 꾸러미들을 크기순으로 분류한 다음에 상자들에 넣을 수 있다면 더 효율적으로 채우기를 할 수 있을 것이 분명하다. 물론 컨베이어벨트에 실려 오는 화물을 그렇게 분류해서 채우기는 어렵겠지만, 아무튼 그런 분류가 가능할 경우에 채우기의 효율성을 따져보자.

위의 꾸러미 25개를 크기순으로 나열하면 다음과 같다.

8, 7, 7, 6, 6, 6, 5, 5, 5, 5, 5, 5, 4, 4, 4, 4, 3, 3, 3, 2, 2, 2, 2, 2, 1

이제 다음 맞춤 전략에 따라서 상자들을 채워보자. 이렇게 물건들을 분류한 후에 다음 맞춤을 하는 것을 일컬어 '분류 후 다음 맞춤Sorted Next Fit'이라고 한다. 처음 꾸러미 6개는 각각 새 상자에 들어가고, 다음의 크기 5인 꾸러미 6개는 2개씩 새 상자에 들어갈 것이다. 이런 식으로 채워 나가면 최종 결과는 다음과 같다.

[8], [7], [7], [6], [6], [6], [5, 5], [5, 5], [5, 5], [4, 4], [4, 4], [3, 3, 3], [2, 2, 2, 2, 2], [1]

마지막에 운이 나빴다! 우리는 크기 1인 마지막 꾸러미를 넣기 위해서 새 상자를 사용해야 했다. 분류 후 다음 맞춤을 한 결과, 그냥 다음 맞춤을 했을 때와 마찬가지로 상자는 14개 쓰였고 공간은 34만큼 낭비되었다. 그러나 크기 1인 마지막 꾸러미가 없다면, 다음 맞춤으로는 상자 14개가 쓰이는 반면, 분류 후 다음 맞춤으로는 상자 13개가 쓰인다.

끝으로 '분류 후 처음 맞춤Sorted First Fit'을 하면 어떻게 되는지 따져보자. 이번에도 처음 꾸러미 6개는 각각 새 상자에 들어가고, 이어서 크기 5인 꾸러미 6개는 2개씩 새 상자에 들어간다. 하지만 그다음에 분류의 효과가 나타난다. 크기 4인 꾸러미 3개는 크기 6인 꾸러미가 들어간 상자들에 들어가고, 나머지 크기 4인 꾸러미 하나는 새 상자에 들어간다. 이런 식으로 상자들을 채워 가면, 결국 다음처럼 마지막 상자만 덜 찬 결과가 나온다.

[8, 2], [7, 3], [7, 3], [6, 4], [6, 4], [6, 4],
[5, 5], [5, 5], [5, 5], [4, 3, 2, 1], [2, 2, 2]

우리는 상자 11개를 썼고, 마지막 상자에서 4만큼의 공간만 낭비되었다. 이 결과는 다른 전략들이 산출한 결과보다 훨씬 우수하다. 그런데 이 결과는 가능한 최선의 결과일까? 상자를 10개 이하로 사용하는 채우기 전략이 있을까? 그런 전략은 없음을 쉽게 확인할 수 있다. 꾸러미들 크기의 총합은 $1 \times 8 + 2 \times 7 + 3 \times 6 + \cdots + 5 \times 2 + 1 \times 1 = 106$이다. 그런데 상자 하나의 용량은 10이므로, 꾸러미들을 전부 넣으려면 상자가 최소한 $106/10 = 10.6$개 필요하다. 그러므로 11개보다 적은 상자를 사용하는 전략은 없고, 어떤 전략을 채택하든 간에 공간 낭비는 최소한 4만큼 발생한다.

이 예에서 우리는 분류 후 처음 맞춤 전략을 써서 가능한 최선의 해解를 발견했다. 앞 장에서 다룬, 세 가지 크기의 물체들을 단지에 채우는 아주 간단한 문제를 돌이켜보자. 알고 보니 우리는 그 문제를 해결할 때 이미 분류 후 처음 맞춤 전략을 썼다. 큰 물체를 먼저 채우고 작은 물체를 나중에 채웠으니까 말이다.

　안타깝게도 모든 채우기 문제가 이렇게 간단하지는 않다. 일반적으로, 주어진 꾸러미들을 최소 개수의 상자에 집어넣는 최선의 방법을 컴퓨터로 신속하게 알아내는 방법은 없다. 상자들의 용량이 커지고 꾸러미 크기의 다양성이 커지면, 최선의 채우기 방법을 찾아내는 문제는 매우 어려운 계산 문제가 되어 결국에는 어떤 컴퓨터로도 한정된 시간 안에 풀 수 없게 된다. 심지어 우리가 다룬 간단한 문제에서도 분류 후 처음 맞춤은 최선의 전략이 아닐 수 있다. 그 전략의 효율성을 담보하는 꾸러미 분류는 시간이 걸리는 작업이기 때문이다. 그 시간에다 꾸러미들을 상자에 넣는 시간을 합쳐서 고려한다면, 최소 개수의 상자를 쓰는 전략이 비용 면에서 가장 효율적인 전략이 아닐 수도 있다.

074 호랑이는 얼마나 높이 뛰어오를까?

내 가방들은 전부 꽉 찼어.
나는 갈 준비가 되었어.

_존 덴버(미국 가수)

얼마 전 샌프란시스코 동물원에서 비극적인 사고가 발생했다. 체중이 135kg인 작은(!) 시베리아 호랑이 타티아나가 울타리를 뛰어넘어 방문 객 한 명을 죽이고 다른 두 명에게 심한 부상을 입힌 것이다. 언론의 보 도에 따르면 동물원 직원들은 녀석이 그 높은 울타리를 뛰어넘은 것에 경악했다. "뛰어넘은 것이 분명해요. 어떻게 이 높은 울타리를 뛰어넘 었는지 놀라울 따름입니다"라고 동물원장 마누엘 몰리네도는 말했다. 처음에 동물원 측은 호랑이 우리의 울타리 높이가 5.5m라고 주장했지 만, 나중에 확인해보니 그 높이는 미국 동물원 및 수족관 협회가 안전 을 위해 권고하는 5m보다 훨씬 낮은 3.8m에 불과했다. 하지만 울타리 높이가 5m나 5.5m라면 확실히 안심할 수 있을까? 호랑이는 얼마나 높이 뛰어오를 수 있을까?

　울타리 앞에는 10m 폭의 마른 도랑이 파여 있었다. 그러므로 우리 안의 호랑이는 달려오다가 뛰어서 수직으로 3.8m 상승함과 동시에 수평으로 최소 10m 이동해야 했다. 호랑이는 평지에서 짧은 거리를 달리면 최고 속력 초속 22m(시속 80km)에 도달할 수 있다. 5m를 도움닫기해서 뛰면, 뛰는 순간의 속력이 쉽게 초속 14m에 이를 수 있다.

　뛰어오른 호랑이에 관한 문제는 공중으로 발사된 물체에 관한 문제와 동일하다. 발사된 물체는 포물선 궤적을 그리면서 최고 높이에 도달하고 이어서 하강한다. 물체가 발사 지점에서 수평 거리로 x만큼 떨어진 지점에서 수직 높이 h에 도달하기 위해 필요한 최소 발사속력 V는 다음 공식으로 계산할 수 있다.

$$V^2 = g\left(h + \sqrt{(h^2 + x^2)}\right)$$

　이때 g는 중력가속도로, g=9.8m/s²이다. 위 공식에 담긴 몇 가지 의미를 검토해보면 공식이 타당함을 알 수 있다. 만일 중력이 강해지면(g가 커지면) 높이, 또 멀리 뛰기가 어려워질 테고 따라서 울타리를 넘는 데

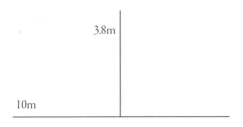

필요한 최소 발사속력 V는 커져야 한다. 마찬가지로 울타리 높이 h가 커지거나 마른 도랑의 폭 x가 커지면, 발사속력이 커져야 한다.

이제 샌프란시스코 동물원 호랑이 우리를 살펴보자. 위의 그림은 그 울타리의 규격을 나타낸다. 울타리 높이는 3.8m이지만, 호랑이의 덩치를 감안할 때 호랑이는 약 4.3m 상승해야만 울타리를 넘을 수 있다. (우리는 발사된 물체의 질량이 무게중심에 집중되어 있다고 가정한다. 실제 호랑이의 질량은 무게중심에 집중되어 있지 않지만, 우리는 이 점을 무시할 것이다.) 왜냐하면 시베리아 호랑이는 어깨 높이가 약 1m이기 때문이다(호랑이가 울타리에 붙어서 기어오를 가능성은 무시하겠다). 그러므로 h=4.3, x=10으로 놓고 V^2을 계산하면, $V^2=9.8(4.3+\sqrt{(18.5+100)}=148.97(m/s^2)$, 요컨대 호랑이의 최소 발사속력 V는 12.2m/s이다.

초속 12.2m면 호랑이가 충분히 도달할 수 있는 발사속력이다. 결론적으로 타티아나는 울타리를 뛰어넘을 수 있었다. 울타리 높이를 5.5m로 높인다면, 호랑이는 발사속력 초속 13.2m에 도달함으로써 자신의 무게중심을 6m 상승시켜 울타리를 넘을 수 있다. 샌프란시스코 동물원장의 말마따나 '이제 확실히 문제가 발생했으므로, 울타리 높이를 다시 검토해야 할 것이다.'

표범 무늬가 생긴 사연

> 그러자 에티오피아 사람은 다섯 손가락 끝을 오므려… 표범의 온몸에 찍었고, 다섯 손가락 끝이 닿은 곳마다 작고 검은 얼룩 다섯 개가 오밀조밀 남았다… 때로는 손가락이 미끄러져 얼룩이 약간 번졌다. 하지만 당신이 지금 어느 표범이라도 자세히 살펴보면 항상 점 다섯 개가 보일 것이다. 그것들은 다섯 손가락 끝의 자취이다.
>
> _루디야드 키플링(영국 소설가), 「표범의 무늬가 생긴 사연」

동물의 무늬, 특히 고양이과 대형 동물들의 무늬는 생명의 세계에서 볼 수 있는 가장 멋진 광경에 속한다. 그 무늬들은 전혀 무작위하지 않으며 단지 위장에 적합하도록 설계된 것도 아니다. 특정 색소의 생성을 촉진하거나 봉쇄하는 활성물질과 억제물질은 동물 태아의 몸속에서 단순한 법칙에 따라 흐른다. 그 단순한 법칙은 여러 위치에서, 활성물질들과 억제물질들의 농도가 화학반응에 의한 색소 생산량 및 확산속도에 따라서 어떻게 달라지는지 규정한다. 활성물질과 억제물질은 그 법칙에 따라서 파동처럼 퍼져나가 다양한 색소들을 활성화하거나 억제한다. 최종 결과는 동물의 크기와 모양, 패턴 파동의 파장을 비롯한 여러 요인에 의해 결정된다. 동물의 피부를 큰 규모에서 관찰하면 패턴 파동의 마루와 골이 다양한 색들로 이루어진 규칙적인 무늬를 산출한 것을 볼 수 있다. 마루는 억제물질이 없어서 배경과 대비되는 줄이나 점이 두드러지게 나타나는 곳이다. 특정 위치에서 색소 농도가 가능한 최대치에 도달하면 색소의 확산이 일어날 수밖에 없다. 그러면 점들이 합쳐져 얼룩이나 줄이 된다.

동물의 크기는 중요한 요인이다. 아주 작은 동물의 몸에는 색소 활성화 파동의 마루와 골이 여러 개 들어갈 자리가 없다. 따라서 그런 동물은 단색이거나 기껏해야 큼직한 얼룩무늬가 있을 것이다. 반면에 코끼리처럼 거대한 동물의 몸에는 파동의 마루와 골이 엄청나게 많이 들어갈 수 있어서 역설적이게도 마루와 골의 효과가 상쇄된다. 따라서 거대한 동물은 전체적으로 단색이다. 아주 작지도 않고 거대하지도 않은 중간 크기의 동물들이 지닌 무늬는 훨씬 다양하다. 예컨대 치타는 몸에 점무늬가 있고 꼬리에 줄무늬가 있다. 왜냐하면 색소 활성화 파동이 굵은 원통 모양인 몸에서 퍼질 때는 마루들과 골들이 띄엄띄엄 형성되는 반면, 가는 원통 모양인 꼬리에서 퍼질 때는 마루들과 골들이 훨씬 촘촘히 배열되고 이내 합쳐져 줄을 형성하기 때문이다.

동물의 몸에 나타나는 색소 활성화 파동의 흔적으로부터 다음과 같은 아주 흥미로운 수학적 '정리'를 도출할 수 있다. 몸에 점무늬를 지닌 동물은 꼬리에 줄무늬를 지닐 수 있지만, 몸에 줄무늬를 지닌 동물은 꼬리에 점무늬를 지닐 수 없다.

군중의
광기를
막으려면?

미래는 군중의 것이다.

_돈 들릴로(미국 작가), 『마오 2』

축구장이나 콘서트장, 시위현장에서 거대한 군중 속에 있어 본 사람은
집단행동의 이상한 특징들을 아마 경험했거나 목격했을 것이다. 군중
은 조직된 전체가 아니다. 군중 속의 개인 각각은 자기 근처에서 일어
나는 일에 반응할 뿐이다. 그럼에도 군중의 행동은 큰 규모에서 갑자기
달라져 재난을 초래할 수 있다. 평온한 행렬을 이루어 전진하던 사람들
이 갑자기 공황에 휩싸여 허둥거리며 뒤엉킬 수 있다. 이런 군중 동역
학에 대한 이해는 중요한 과제이다. 만일 대규모 군중 근처에서 폭발이
일어나거나 불이 나면, 군중은 어떻게 행동할까? 대형 경기장의 비상
통로와 비상구는 어떻게 설계해야 할까? 해마다 성지순례를 위해 수백
만 무슬림이 메카로 모여든다. 그들은 번번이 과도하게 밀집한 채 허둥

대다가 수백 명씩 사망한다. 이 거듭되는 비극을 막으려면 군중을 어떻게 조직해야 할까?

군중행동에 대한 최신 연구와 통제기법이 의지하는 흥미로운 통찰 중 하나는 군중의 흐름이 액체의 흐름과 유사하다는 것이다. 얼핏 생각하면, 상황에 대한 잠재적 반응이 제각각이고 나이와 상황 파악 수준도 제각각인 다양한 사람들의 집단을 이해하는 것은 불가능할 듯하다. 그러나 놀랍게도 그것은 가능한 일이다. 사람들은 흔히 생각하는 것보다 더 비슷하다. 사람들이 밀집한 상황에서, 단순하고 국소적인 선택들은 신속하게 전체적인 질서를 낳을 수 있다. 당신이 런던의 기차역에 도착하여 지하철을 갈아타러 이동하면서 보면, 사람들이 한쪽 계단으로 내려가고 반대쪽 계단으로 올라오는 모습을 보게 될 것이다. 지하철 개표구 앞에서 사람들은 자발적으로 여러 줄을 형성한다. 이 모든 행동을 계획하거나 지시한 사람은 아무도 없다. 그 행동들은 사람들이 각자 근처의 상황을 보고 알아서 판단한 결과일 뿐이다. 다시 말해 사람들은 근처의 사람들이 어떻게 움직이고 얼마나 붐비는지에 반응하여 행동한다. 이때 근처가 얼마나 붐비는지에 대한 반응은 당신이 누구냐에 따라서 크게 달라질 것이다. 당신이 출퇴근 시간에 도쿄 지하철을 이용하는 데 익숙한 일본인 사업가인지, 아니면 스코틀랜드의 섬이나 로마에서 수학여행 온 학생인지에 따라서 붐비는 정도에 대한 당신의 반응은 사뭇 다를 것이다. 또 어린이나 노인을 데리고 이동하는 중이라면, 당신은 혼자 있을 때와는 다르게 움직일 것이다. 우리는 이 모든 변수들을 컴퓨터에 입력할 수 있다. 그러면 컴퓨터는 다양한 공간에 모인 군중이 어떻게 행동하고 새로운 압력에 어떻게 반응할지 시뮬레이션할 수 있다.

흐르는 액체가 세 가지 상像을 가질 수 있는 것과 마찬가지로 군중의 행동도 세 가지 상을 가질 수 있다. 밀집 정도가 높지 않은 군중이 한 방향으로 일정하게 운동할 경우 (이를테면 축구 경기가 끝난 후에 웸블리 축구장에서 웸블리 공원 지하철역으로 이동하는 군중의 경우) 군중은 매끄럽게 흐르는 액체처럼 행동한다. 그런 군중은 멈추거나 다시 출발하는 일 없이 줄곧 똑같은 속력을 유지한다.

그러나 모인 사람들의 밀도가 상당히 높아지면, 사람들이 서로 밀치기 시작하면서 다양한 방향의 운동이 발생한다. 그리하여 전체적인 운동은 더 단속적이게 되어 멈춤과 재출발이 나타나면서 흡사 해안에 접근하면서 뒤집히는 파도rolling wave처럼 된다.

더 자세히 살펴보자. 사람들의 밀도가 점점 높아지면, 사람들이 전진하는 속력이 감소하고 일부 사람들은 더 빨리 가려고 시험 삼아 옆으로 우회하기 시작할 것이다. 교통이 지체되는 도로에서 자동차들이 차선을 바꾸는 것도 이와 똑같은 심리에서 비롯한 행동이다. 사람이든 차량이든 그렇게 전진이 아닌 운동을 하면, 옆 사람이나 차량도 속력을 줄이거나 비켜나는 식으로 반응할 테고, 따라서 빽빽이 모인 집단에 단속적인 잔물결들이 발생하여 퍼져나갈 것이다. 그 잔물결들 자체는 위험하지 않을 수도 있다. 그러나 그것들은 무언가 훨씬 더 위험한 일이 갑자기 일어날 수 있음을 알려주는 신호이다.

밀도가 더욱더 높아지면 사람들은 어느 방향으로든 움직여 공간을 확보하려 하기 시작하고, 따라서 마치 액체의 흐름이 난류亂流가 되는 것처럼, 훨씬 더 카오스적인 운동이 발생한다. 사람들은 인접한 사람들을 힘차게 밀쳐서 공간을 확보하려고 애쓰기 시작한다. 따라서 사람이 넘어져 호흡하기 어려울 정도로 짓눌릴 위험이나 부모가 아이를 잃어 버릴 위험이 커진다. 이런 현상들은 대규모 군중의 여러 위치에서 시작되어 신속하게 확산될 수 있다. 그러면 상황이 걷잡을 수 없이 악화된다. 넘어진 사람들은 장애물이 되어 다른 사람들을 넘어뜨리고, 폐쇄공포증이 있는 사람들은 순식간에 공황에 휩싸여 매우 격렬하게 반응한다. 어떻게든 손을 써서 군중을 여러 무리로 분리하고 사람들의 밀도를 낮추지 않는다면, 곧 재난이 발생할 것이다.

사람들이 평온하고 매끄럽게 전진하는 상태에서 단속적인 운동으로 전이하고 이어서 군중 카오스로 전이하는 데 걸리는 시간은 군중의 규모에 따라서 불과 몇 분일 수도 있고 반 시간이 걸릴 수도 있다. 특정한 군중에서 위기가 발생할지, 발생한다면 언제 발생할지 예측하는 것은 불가능하다. 그러나 큰 규모의 행동을 감시함으로써 군중의 여러 부분에서 단속적인 운동이 발생하는 것을 포착하는 것은 가능하다. 그러면 사람들이 더 밀집하지 않도록 조치를 취하여 카오스로의 전이를 예방할 수 있다.

077

가장 빛나는 다이아몬드 세공법

> 내가 늘 느끼는 바이지만, 선물받은 다이아몬드는
> 자신이 직접 산 다이아몬드보다 훨씬 더 반짝인다.
>
> _메이 웨스트(미국 영화배우)

다이아몬드는 아주 대단한 탄소 덩어리다. 모든 자연물 중에서 가장 단단하다. 그러나 다이아몬드가 지닌 가장 놀라운 성질은 광학적 성질이다. 물의 굴절률이 1.3, 유리의 굴절률이 1.5인 데 비해, 다이아몬드의 굴절률은 무려 2.4이다. 이는 빛이 다이아몬드를 통과할 때 매우 큰 각으로 꺾인다는 것을 의미한다. 하지만 더욱 중요한 것은, 다이아몬드 표면에 광선을 쪼일 때 표면에 수직인 방향에서 24도 넘게 벗어난 각도로 쪼이면 광선이 다이아몬드를 통과하지 못하고 완전히 반사된다는 점이다. 24도는 아주 작은 각이다. 참고로 물을 향해 쪼인 광선이 완전히 반사되려면 물 표면에 수직인 직선과 광선이 이루는 각이 약 48도 이상이어야 하고, 유리의 경우에는 그 임계각이 약 48도이다.

또한 다이아몬드는 빛의 색들을 극단적으로 분산시킨다. 평범한 백색광은 빨강, 주황, 노랑, 초록, 파랑, 남색, 보라색 빛들로 이루어졌고, 이 무지개색 빛들은 투명한 매질을 통과할 때 각각 다른 각도(빨강 빛이 가장 작은 각도, 보라색 빛이 가장 큰 각도)로 꺾인다. 그런데 다이아몬드를 통과할 때는 빛들이 꺾이는 최대 각도와 최소 각도의 차이가 매우 크다. 다시 말해 다이아몬드는 백색광을 아주 많이 분산시킨다. 그래서 잘 세공된 다이아몬드에 빛을 비추면 오색찬란한 광채가 나는 것이다. 다이아몬드만큼 큰 분산능dispersive power을 지닌 다른 보석은 없다. 보석 기술자들은 다이아몬드를 최대한 찬란하고 다채롭게 반짝이도록 세공해야 한다.

다이아몬드 세공의 역사는 수천 년 전까지 거슬러 올라간다. 그러나 최선의 다이아몬드 절삭법과 그 원리에 대한 지식에 가장 크게 기여한 인물은 단연 마르셀 톨코프스키(1899~1991)이다. 그는 네덜란드 안트베르펜에서 태어났고, 그의 집안은 다이아몬드를 세공하고 거래했다. 톨코프스키는 영특한 소년이었으며 벨기에에서 대학을 졸업한 후 런던 임페리얼 칼리지에서 공학을 공부했다(그는 박사논문에서 다이아몬드의 외관이 아니라 분쇄와 연마를 다뤘다). 그는 아직 대학원생이던 1919년에 『다이아몬드 디자인Diamond Design』이라는 주목할 만한 책을 출판했다. 그 책은 다이아몬드 내부에서의 빛의 반사와 굴절을 연구함으로써 다이아몬드가 가장 오색찬란하게 빛나도록 절삭하는 방법을 개발할 수 있음을 처음으로 보여주었다. 톨코프스키는 다이아몬드 내부에서 광선이 거치는 경로를 분석한 결과를 토대로 '브릴리언트Brilliant' 또는 '아이디얼Ideal'이라고 불리는 새로운 다이아몬드 절삭법을 제안했다. 이 절삭법은 오늘날

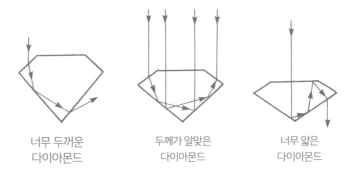

너무 두꺼운	두께가 알맞은	너무 얇은
다이아몬드	다이아몬드	다이아몬드

둥근 다이아몬드에 가장 많이 쓰인다.

톨코프스키는 다이아몬드의 평평한 윗면에 수직으로 들어온 광선이 다이아몬드 내부에서 거치는 경로를 분석하면서, 빛이 1차 및 2차 내부 반사에 의해 완전히 반사(전반사)되려면 다이아몬드의 아랫면이 얼마나 기울어져야 하는지 탐구했다. 그런 전반사가 일어난다면, 거의 모든 입사 광선이 다이아몬드 윗면으로 다시 나와 매우 찬란한 광채가 나타날 것이다. 이때 최대한 찬란한 광채에 도달하려면, 다이아몬드 내부에서 반사되어 다시 나온 광선들이 수직 방향을 크게 벗어나지 말아야 한다. 위의 그림은 절삭 각도가 너무 큰 경우, 알맞은 경우, 너무 작은 경우를 보여준다. 절삭 각도가 알맞으면 빛이 다이아몬드의 아랫면을 통과하여 빠져나가거나 윗면에서 다시 반사되지 않기 때문에, 가장 찬란한 광채를 얻을 수 있다.

톨코프스키는 반사 광채와 색 분산이 최적의 균형을 이루어 다이아몬드 특유의 오색찬란함을 산출하도록 만드는 방법과 다양한 면들이 가질 수 있는 최선의 모양을 연구했다. (톨코프스키는 수직 입사 광선이 다이아몬드 내부에서 1차 반사할 때 전반사가 일어나려면 다이아몬드 아랫면이 수평면에 대해서 기운 각이 48도 52분 이상이어야 함을 증명했다. 1차 내부반사에 이은 2차 내부반사에서 전반사가 일어나려면, 다이아몬드 아랫면이 수평면에 대해서 기운 각이 43도 43분 이하여야 한다. 또 다이아몬드 내부에서 1, 2차 반사를 거쳐 밖으로 나가는 광선이 다이아몬드 윗면에 대해서 거의 수직으로 나가고 최선의 색분해가 일어나려면, 다이아몬드 아랫면이 수평면에 대해서 기운 각은 40도 45분이 가장 적합하다. 실제 다이아몬드 절삭에서는 원석의 모양을 감안하고 스타일에 변화를 주기 위해서 위의 각도들과 약간 다른 각도들이 선택될 수 있다.)

그는 광선에 관한 간단한 수학을 이용하여 면 58개가 특별한 비율과 각도로 연결되도록 다이아몬드를 절삭하는 '브릴리언트 절삭법'을 개발했다. 이 절삭법으로 깎은 다이아몬드는 약간 비뚜름하게 놓고 바라볼 때 가장 멋지게 보인다.

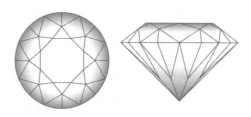

다음의 그림은 톨코프스키가 제안한 '아이디얼(또는 브릴리언트) 절삭법'으로 깎은 다이아몬드의 고전적인 모양이다. 각 부분(제각각 특별한 이름이 붙어 있다)의 비율은 Girdle(띠)의 지름(다이아몬드 전체의 지름)을 기준으로 삼아 %로 나타냈다. (Girdle이 약간 깎여 미세한 폭이 있는 이유는 다이아몬드에 날카로운 모서리가 생기지 않도록 하기 위해서이다.)

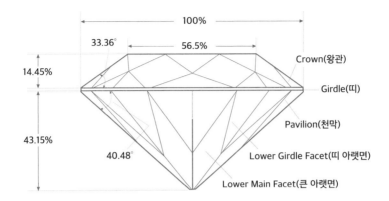

100%

33.36°   56.5%

14.45%   Crown(왕관)

Girdle(띠)

Pavilion(천막)

43.15%   Lower Girdle Facet(띠 아랫면)

40.48°   Lower Main Facet(큰 아랫면)

078

로봇 공학의 세 가지 법칙

하나님은 너희가 그 나무 열매를 먹으면
너희의 눈이 밝아지고 하나님처럼 되어서
선과 악을 알게 된다는 것을 아시고 그렇게 말씀하신 것이다.

_〈창세기〉 3장 5절

어제 위대한 과학소설가 아이작 아시모프의 로봇 이야기들을 원작으로 한 영화 『아이, 로봇』을 보았다. 아시모프는 1942년에 『런어라운드 *Runaround*』라는 단편소설에서 인간들이 발전된 로봇들과 공존하는 미래를 그렸다. 유능한 도우미인 로봇이 인간을 죽이거나 노예로 삼을 가능성을 봉쇄하기 위해서 아시모프는 '법칙들'을 고안했다. 그 법칙들은 모든 로봇의 전자뇌에 프로그램되어 안전장치의 기능을 한다. 그 법칙들이 무엇이냐는 공학의 건전성 및 안전성과 관련해서만 흥미로운 문제가 아니다. 그 법칙들은 세상에 왜 악이 있는지, 선한 신이 어떻게 악을 물리칠지 생각해본 사람이라면 누구나 흥미를 느낄 만한 심오한 문제이다.

원래 아시모프는 열역학 법칙들을 염두에 두고 다음과 같은 로봇 공학의 세 가지 법칙을 제시했다.

제1법칙: 로봇은 인간에게 부상을 입히거나 인간이 해를 입도록 방치하지 말아야 한다.
제2법칙: 로봇은 제1법칙과 상충하지 않는 한, 인간이 내린 명령에 복종해야 한다.
제3법칙: 로봇은 제1법칙이나 제2법칙과 상충하지 않는 한, 자기 자신을 보호해야 한다.

나중에 아시모프는 제1법칙 앞에 '제0법칙'을 추가했다.

제0법칙: 로봇은 인류에게 해를 입히거나 인류가 해를 입도록 방치하지 말아야 한다.

이 법칙이 추가된 이유는 어렵지 않게 납득할 수 있다. 어떤 미친 사람이 세계를 파괴할 수 있는 핵미사일 발사 단추 앞에 있는데 오직 로봇 한 대만 그가 단추를 누르는 것을 막을 수 있다고 가정해보자. 제1법칙에 따르면, 로봇은 인류를 구하기 위해 그 미친 사람을 때려눕히면 안 된다. 하지만 로봇이 핵미사일 발사를 용인하는 것은, 제0법칙은 고사하고 이미 제1법칙의 방치 금지 조항에 위배되는 행동이다. 나와 내 로봇이 항해하다가 난파하여 외딴 섬에 상륙했는데, 내 발이 썩어들어간다고 가정해보자. 내 목숨을 구하려면 발을 절단해야 한다. 내 로봇은 제1법칙을 무릅쓰고 내 발을 절단할 수 있을까? 또 로봇이 배심원들의 유죄 판결을 받은 피고에게 형벌을 내리는 판사의 역할을 할 수 있을까?

만일 위의 네 법칙을 전자뇌에 장착한 로봇들이 대량생산된다면, 우리는 안심해도 될까? 그렇지 않다고 나는 생각한다. 중요한 것은 법칙들의 우선순위이다. 제0법칙이 제1법칙에 선행한다는 사실은 당신이 연비가 낮은 자동차를 운전하거나 일부 페트병을 재활용하지 않는다는 이유로 로봇이 당신을 죽일 수도 있음을 의미한다. 로봇은 당신의 행동이 계속된다면 인류가 위험에 처한다고 판단할 것이다. 또 로봇은 자신의 의무가 일부 정치 지도자들의 뜻에 반하는 것이어서 심한 고민에 빠질 수도 있다. 이처럼 로봇에게 인류의 이익을 위해 행동하라고 하는 것은 위험한 요구이다. 이 요구가 추구하는 목표는 잘 정의되어 있지 않다. '인류의 이익이 무엇인가?'라는 질문에 대한 유일한 답은 존재하지 않는다. 인류에게 이익이 되는 모든 행동과 인류에게 해가 되는 모든 행동의 목록을 출력하는 컴퓨터는 존재할 수 없다. 어떤 프로그램도 우리에게 모든 선과 모든 악을 알려줄 수 없다.

그러므로 제0법칙이 없는 쪽이 오히려 더 안전할 듯도 하다. 하지만 그렇다 하더라도 로봇이 제1법칙과 제2법칙과 제3법칙이 봉쇄하고자 하는 해로운 행동으로 인간에게 해를 입힐 가능성은 배제되지 않는다. 발전된 로봇은 복잡한 생각을 할 것이다. 녀석은 자기 자신과 인간에 관한 생각도 할 것이며 심리를 가질 것이다. 심리를 지닌 인간과 마찬가지로 심리를 지닌 로봇은 이해하기 어려운 상대일 것이며 때로는 심리적인 문제를 겪을 것이다. 따라서 망상에 빠져 자신을 로봇으로 생각하는 인간이 있는 것과 마찬가지로, 로봇은 자신을 인간으로 생각할 수도 있을 것이다. 그런 로봇은 로봇 공학의 세 가지 법칙이 자신에게 적용되지 않는다고 생각할 것이므로 제멋대로 행동할 수 있다. 이 문제와 밀접한 관련이 있는 또 다른 문제는 로봇의 정신 속에서 종교적이거나 신비주의적인 믿음이 진화할 수 있는가 하는 것이다. 이 문제를 염두에 두고 제3법칙을 다시 보자. 로봇이 보호해야 하는 것은 정확히 무엇일까? 로봇의 물질적인 구조일까? 로봇이 자신이라고 여기는 기계 속의 영혼일까? 혹시 로봇 제작자의 정신 속에 들어 있는 로봇의 '관념'이 아닐까?

당신 스스로 이런 질문들을 던지고 대답하다 보면, 인공지능의 귀결들을 규제와 규칙으로 억제하는 것이 그리 쉬운 일이 아님을 알 수 있을 것이다. 우리가 '의식'이라고 부르는 '무언가'가 나타나면, 그 귀결은 예측 불가능하다. 그 귀결은 어마어마한 선일 수도 있고 어마어마한 악일 수도 있으며, 실제 삶에서와 꽤 유사하게 선과 악 중에 어느 한쪽만 실현하기는 어렵다.

079

틀을 깨고
생각하기

많은 사람들은 죽기보다 생각하기를 더 싫어한다.
솔직히, 거의 모든 사람이 그렇다.

_버트런드 러셀(영국 철학자)

정해진 한 가지 방식으로 문제를 생각하기는 쉽다. 그러나 틀을 깨고
'상상력'을 발휘하여 독창적인 해결책을 제시하려면 이미 학습한 원리
들을 올바로 적용하는 수준을 벗어나 문제를 다르게 생각할 필요가 있
다. 정해진 규칙들을 실수 없이 적용하면 풀리는 간단한 문제들은 대개
한두 번 시도하면 해법을 완벽하게 터득할 수 있다. 예를 들어 3목 두기
게임(두 사람이 번갈아 가며 9개의 칸 속에 O나 X를 그려 나가는 게임. 연달아 3개의 O
나 X를 먼저 그리는 사람이 이긴다—옮긴이)에서는 간단한 전략으로 언제나 이
기거나 비길 수 있다. 비록 이기는 결과는 상대방이 최선의 수를 쓰지
않았을 때만 발생하지만 말이다. 하지만 안타깝게도 모든 문제가 3목
두기에서 최선의 수를 찾는 문제처럼 쉽지는 않다.

이제부터 간단한 문제 하나를 제시하겠다. 당신은 이 문제의 답을 보고 틀림없이 깜짝 놀랄 것이다. 점 9개를 가로세로 3개씩 찍어 정사각형으로 배열하라. 이제 연필로 직선을 그어 점들을 연결하되, 연필을 떼거나 한 직선을 두 번 긋지 않으면서 직선 4개로 모든 점을 연결하라.

아래의 왼쪽 그림은 실패한 시도이다. 둘째 행의 왼쪽 점이 연결되지 않았다. 오른쪽 그림도 실패의 예이다. 중앙의 점 하나가 연결되지 않았다.

도무지 답이 없는 것 같지 않은가? 한번 그은 직선을 따라서 연필을 다시 움직여도 된다면 직선 4개로 모든 점을 연결할 수 있다. 연필을 왔다갔다 왕복해서 움직이면서 다음 그림처럼 직선을 그을 수 있을 것이다. 그러나 그러려면 4개보다 훨씬 많은 직선이 필요하다. 비록 최종 결과는 직선 4개로 이루어진 것처럼 보이지만 말이다.

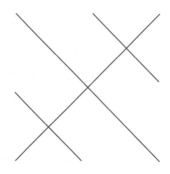

　연필을 떼지 않고 직선을 중복해서 긋지 않으면서 직선 4개로 모든 점들을 잇는 방법이 있다. 그러나 그 방법을 생각해내려면, 당신이 아무 이유 없이 스스로 부과한 어떤 규칙을 깨야 한다. 그 규칙은 애초부터 문제에 포함된 규칙이 아니다. 당신은 틀 밖으로 나가면 안 된다는 규칙에 너무나 익숙해서, 이 문제에서도 틀 밖으로 나갈 엄두를 내지 못했을 것이다. 답은 간단하다. 아래 그림에서처럼 점 9개로 이루어진 사각 틀 바깥으로 나갔다가 방향을 꺾어 다시 사각 틀로 돌아오는 선을 그으면 직선 4개로 점 9개를 연결할 수 있다.

　틀을 깨고 생각하라!

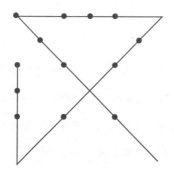

크리켓은 체계화된 빈둥거리기다.

_윌리엄 템플(영국 종교 철학가)

거의 모든 스포츠 리그는 모든 참가 팀들의 성적이 기록된 표를 작성하여 발표한다. 이때 승리와 패배와 무승부에 몇 점을 부여하느냐는 어느팀이 1위에 오르는가에 결정적인 영향을 미친다. 몇 년 전에 축구 리그들은 더 공격적인 경기를 장려하기 위해 승리하면 2점을 주던 기존 제도를 바꾸어 3점을 주기로 했다. 그리하여 승리는 여전히 1점이 부여되는 무승부보다 훨씬 더 값진 결과가 되었다. 그런데 이 단순한 승점 제도는 왠지 허술한 것 같다. 생각해보라. 1위 팀을 이기면 꼴찌 팀을 이길 때보다 더 많은 승점을 받아야 마땅하지 않겠는가?

2007년 카리브 해에서 열린 크리켓 월드컵을 좋은 예로 들 수 있다. 그 대회의 2라운드에서 상위 8팀이 겨루었다. (각 팀은 이미 1라운드에서 다른

팀	경기 수	승	무	패	평균 순 득점	승점
오스트레일리아(A)	7	7	0	0	2.40	14
스리랑카(SL)	7	5	0	2	1.48	10
뉴질랜드(N)	7	5	0	2	0.25	10
남아프리카(SA)	7	4	0	3	0.31	8
영국(E)	7	3	0	4	-0.39	6
서인도(W)	7	2	0	5	-0.57	4
방글라데시(B)	7	1	0	6	-1.51	2
아일랜드(I)	7	1	0	6	-1.73	2

한 팀과 경기한 바 있었고, 그 결과는 2라운드로 이월되었다. 그러므로 2라운드에서 각 팀은 6경기만 치렀다.) 승점은 승리가 2점, 무승부가 1점, 패배가 0점이었다. 이 승점에 따른 성적표에서 상위 4팀이 토너먼트 방식의 준결승에 진출하게 되어 있었고, 만일 두 팀의 승점이 같으면 평균 득점에서 평균 실점을 뺀 값(평균 순 득점)을 기준 삼아 우열을 정하기로 했다. 2라운드 결과, 성적표는 위의 표와 같았다.

이번에는 강한 팀을 이긴 것을 약한 팀을 이긴 것보다 중시하는 또다른 승점 제도를 채택하여 팀 순위를 매겨보기로 하자. 이 제도에서는 예컨대 A팀이 다른 여러 팀들을 이겼다면, A팀의 승점은 그 여러 팀들의 승점을 다 합한 값과 같다. 다행히 우리가 다루는 대회에서 무승부는 나오지 않았으므로, 무승부에 승점을 주는 문제는 고민할 필요가 없다. 이 새로운 승점 제도에서 각 팀의 승점은 다음과 같은 8개의 방정식으로 정해진다.

A=SL+N+SA+E+W+B+I

SL=N+W+E+B+I

N=W+E+B+I+SA

SA =W+E+SL+I

E=W+B+I

W=B+I

B=SA

I=B

$\underline{X}$(벡터 X라고 읽는다—옮긴이)를 $\underline{X}$=(A, N, W, E, B, SL, I, SA)로 정의하면, 위의 방정식들을 행렬방정식 $A\underline{X}=K\underline{X}$로 표현할 수 있다. 이때 K는 상수이고, A는 패배를 뜻하는 0과 승리를 뜻하는 1로 이루어진 8×8 행렬이다. 구체적으로 A는 다음의 표와 같다.

	A	N	W	E	B	SL	I	SA
A	0	1	1	1	1	1	1	1
N	0	0	1	1	1	0	1	1
W	0	0	0	0	1	0	0	0
E	0	0	1	0	1	0	1	0
B	0	0	0	0	0	0	0	1
SL	0	1	1	1	1	0	1	0
I	0	0	1	0	1	0	0	0
SA	0	0	1	1	0	1	1	0

행렬방정식 A$\underline{X}$=K$\underline{X}$를 풀어서 각 팀의 승점을 계산하고 순위를 매기려면, 행렬 A의 고유벡터이면서 모든 성분이 0이나 양수인 벡터를 찾아야 한다. 그 고유벡터가 바로 '순위' 고유벡터 $\underline{X}$이다.

$\underline{X}$=(A, N, W, E, B, SL, I, SA)

=(0.729, 0.375, 0.104, 0.151, 0.153, 0.394, 0.071, 0.332)

각 팀의 등수는 새로운 승점이라고 할 수 있는 위 벡터의 성분을 기준으로 매겨진다. 예컨대 오스트레일리아(A)는 0.729점으로 1위, 아일랜드(I)는 0.071점으로 꼴찌이다. 아래 표를 참조해 새로운 순위를 원래 순위와 비교해보자.

새로운 승점 제도를 채택하면, 준결승 토너먼트에 진출하는 최상위 네 팀은 바뀌지 않지만 하위 세 팀의 순위는 상당히 바뀐다. 방글라데시는 한 경기만 이겼으므로 원래 승점 2점으로 꼴찌에서 둘째를 차지했

원래 순위	새로운 순위	
A	A	0.729
SL	SL	0.394
N	N	0.375
SA	SA	0.332
E	B	0.153
W	E	0.151
B	W	0.104
I	I	0.071

다. 그러나 새로운 승점 제도는 그 한 번의 승리가 강팀인 남아프리카에 대한 승리라는 점을 감안하여 방글라데시의 등수를 5위로 매겼다. 영국은 2승을 거뒀지만 하위 두 팀에게만 이겼으므로, 새 승점 제도에서 방글라데시에게 (비록 0.153점 대 0.151점으로 간발의 차이지만) 뒤처졌다. 가련한 서인도는 원래 제도에서 6위지만, 새 제도에서는 7위다.

이 새로운 순위 시스템은 구글 검색 엔진의 토대가 되었다. 우리는 i팀이 j팀과 경기한 결과를 성분으로 삼은 행렬을 다뤘지만, 구글은 주제 i와 주제 j 사이에 존재하는 웹 연결의 개수를 성분으로 삼은 행렬을 다룬다. 당신이 어떤 항목을 검색하면, 구글이 보유한 엄청난 계산 능력은 '점수' 행렬을 만들고 행렬방정식을 풀어 고유벡터를 찾아낸다. 그리하여 관련성이 높은 순서대로 검색 결과들이 제시된다. 아무튼 참 신기한 세상이다.

081 이익보다 손해에 민감한 심리

이론과 실제는 이론상 다르지 않지만 실제로 다르다.

_요기 베라(미국 야구감독)

사람들은 가능한 이익과 손해에 대해서 다르게 반응한다. 경제학자들은 인간이 가능한 손익과 관련하여 결정을 내릴 때 비대칭적으로 행동한다는 사실을 오래 머뭇거린 끝에 비로소 인정했다. 우리는 본능적으로 위험을 기피하며, 큰 이득을 얻으려는 노력보다 작은 손해를 막으려는 노력을 훨씬 더 열심히 한다. 당신이 길거리에서 50파운드를 주웠을 때 느끼는 기쁨보다 잃어버렸을 때 느끼는 슬픔이 더 크다면, 당신은 '손해를 혐오'하는 사람이다.

당신이 노점상인데 날마다 매상이 일정한 목표에 도달할 때까지 장사를 계속하기로 결심했다고 상상해보자. 당신은 어떻게 장사해야 할까? 장사가 잘되면 당신은 일찌감치 목표에 도달하여 좌판을 정리하고

귀가할 것이다. 반면에 장사가 안 되면 당신은 목표에 도달하기 위해서 하염없이 손님을 기다릴 것이다. 그런데 이런 행동은 비합리적이다. 왜 냐하면 당신은 장사가 잘되는 날에 더 많은 수입을 올리려고 평소보다 오래 일하는 것이 아니라 장사가 안 되는 날에 목표 미달성을 피하기 위해 훨씬 더 오래 일하니까 말이다. 이런 식으로 장사를 하는 당신은 전형적인 손해 혐오 심리의 소유자이다.

손해를 혐오하는 행동이 비합리적이라고 주장하는 사람들도 있을 것이다. 실제로 손해를 혐오하는 행동을 정당화할 근거는 없을 수도 있다. 하지만 이익과 손해는 당신이 현재 소유한 금액을 기준으로 삼아서 판단할 경우 비대칭적일 수 있다. 당신이 현재 10만 파운드를 지녔다면 이익 10만 파운드는 물론 환영할 만하지만, 손해 10만 파운드는 당신의 파산을 의미하므로 피하고 싶은 것이다. 요컨대 가능한 손해가 가능한 이익보다 훨씬 더 큰 셈이다.

때때로 사람들은 실제 차이가 아니라 심리적으로 느껴지는 차이에 근거를 두고 판단을 내린다. 예를 들어 환경부가 해안의 주택 1,000채를 파손할 것으로 예상되는 이례적으로 큰 너울에 대비한 계획을 세운다고 해보자. 환경부는 사람들에게 두 계획 중 하나를 선택하라고 요구한다. 계획 A는 모든 자원을 동원해서 한 구역에 방벽을 쌓아 주택 200채를 확실히 보호하는 것이다. 계획 B는 자원을 분산해서 주택 1,000채 전부를 1/5의 확률로 보호하는 것이다. (보호될 주택 수의 기댓값은 1000 × 1/5=200, 즉 A 계획으로 보호될 주택 수와 같다.) 이 선택에 직면한 사람들은 거의 모두 확실하고 적극적으로 보이는 계획 A를 고른다.

그런데 이번에는 환경부 홍보 담당 직원이 사람들에게 위의 두 계획을 다르게 설명한다고 상상해보자. 그는 주택 800채가 확실히 파괴되도록 놔두는 계획 C와 모든 주택을 1/5의 확률로 보호하고 4/5의 확률로 파괴되도록 놔두는 계획 D 중에서 하나를 고르라고 요구한다. (계획 A와 B에서와 마찬가지로 계획 C와 D에서 파괴될 주택 수의 기댓값은 800, 다시 말해 보호될 주택 수의 기댓값은 200이다.) 그러자 거의 모든 사람이 계획 D를 고른다. 이것은 이상한 현상이다. 왜냐하면 계획 D는 계획 B와 동일하고 계획 A는 계획 C와 동일하기 때문이다. 우리는 천성적으로 위험을 기피하기 때문에 C보다 D를 선호하고 B보다 A를 선호한다. 우리는 손해에 더 민감하기 때문에, 800채가 확실히 파괴되는 것은 1,000채가 4/5의 확률로 파괴되는 것보다 더 나쁘다고 느낀다. 반면에 보호되는 주택에 초점을 두면, 주택 1,000채 전부를 1/5의 확률로 보호하는 것보다 200채만 확실히 보호하는 쪽이 더 낫다고 느낀다.

082

연필심이 다 닳을 때까지 그으면?

> 우리 모두는 신의 손에 들린 연필이다.
>
> _테레사 수녀(노벨 평화상 수상자)

현대식 연필은 나폴레옹 군대의 과학자 니콜라 자크 콩트에 의해 1795년에 발명되었다. 순수한 탄소의 한 형태인 흑연은 필기도구로 매우 적합한 마법의 물질이었다. 유럽에서는 15세기에 바이에른에서 처음으로 흑연이 발견되었지만, 아스텍 사람들은 그보다 수백 년 먼저 흑연을 필기구로 사용했다. 흑연은 처음에 납의 한 형태로 여겨져 검은 납을 뜻하는 '흑연'으로 명명되었다. 이 잘못된 명칭의 흔적은 오늘날 영어에서 'lead'가 납과 더불어 연필심도 뜻하는 것에 남아 있다. 흑연의 영어 명칭은 1789년에야 'graphite'가 되었다. 'graphite'는 '쓰다'를 의미하는 그리스어 '그라페인graphein'에서 유래했다. 연필을 뜻하는 영어 'pencil'은 'graphite'보다 오래된 단어로, '작은 꼬리'(중세에 필기구로 쓰인 깃털의 명칭)를 뜻하는 라틴어 '펜킬루스pencillus'에서 유래했다.

1564년에 레이크 디스트릭트 케즈윅 근처 보로데일에서 매우 순수한 흑연광이 발견되었고, 그 지역에서 흑연 밀거래와 관련한 지하경제가 번성했다. 19세기에는 고급 흑연의 산지인 케즈윅을 중심으로 연필 생산업이 발전했다. 최초의 연필 공장은 1832년에 문을 열었고, 컴벌랜드 연필 회사는 얼마 전에 개업 175주년을 맞이했다. 케즈윅의 흑연 광산들은 오래전에 폐업했고 현재 연필 생산에 쓰이는 흑연은 스리랑카를 비롯한 머나먼 곳에서 채굴된 것이다. 최고 품질을 자랑한 컴벌랜드 연필들은 종이에 아주 뚜렷한 흔적을 남기고 가루 찌꺼기를 떨어뜨리지 않았다. 원래 콩트가 개발한 연필 생산 공정에는 물과 진흙과 흑연의 혼합물을 가마에서 섭씨 1,040도로 굽는 단계가 있었다. 그 단계에서 얻은 부드러운 물질은 나무로 된 연필 틀 속에 들어가 연필심이 되었다. 연필 틀의 단면은 연필의 용도에 따라서 사각형이거나 다각형, 또는 원형 모양이었다. 예를 들어 목수들은 작업대에서 쉽게 굴러 떨어지는 원형 연필을 싫어한다.

연필심의 경도는 진흙과 흑연을 섞는 비율에 따라 결정된다. 상용 연필 업체들은 대개 가장 부드러운 9B부터 가장 단단한 9H까지 20등급의 연필을 생산한다. 가장 인기 있는 등급은 H와 B의 중간인 HB인데, H는 '단단함hard'을 뜻하고 B는 '검은색black'을 뜻한다. B 앞에 붙은 수가 클수록, 종이에 흑연 흔적이 더 많이 남는다. '미세한 점Fine point'을 뜻하는 'F'가 표시된 연필도 있다. 이 연필은 심이 단단하며 그리기가 아니라 쓰기에 적합하다.

기이하게도 흑연은 탄소로 이루어졌으며 우리가 아는 가장 부드러운 고체 중 하나이다. 게다가 탄소는 최고의 윤활제 중 하나이다. 고리를 이룬 탄소 원자 여섯 개가 인접한 고리들 위로 쉽게 미끄러질 수 있기 때문이다. 반면에 또 다른 순수 탄소 결정인 다이아몬드는 우리가 아는 가장 단단한 고체 중 하나이다.

보통 HB 연필의 심이 다 닳을 때까지 직선을 그으면 얼마나 길게 그을 수 있을까? 부드러운 2B 연필을 그었을 때 종이에 남는 흑연의 두께는 약 20nm(나노미터)이고, 탄소 원자의 지름은 0.14nm이다. 따라서 연필 선의 두께는 대략 원자 143개를 겹친 것과 같다. 연필심의 반지름은 약 1mm, 따라서 단면적은 πmm^2이다. 연필심의 길이가 15cm라면, 직선으로 퍼지는 흑연의 부피는 $150\pi mm^3$이다. 우리가 두께 20nm, 폭 2mm로 직선을 긋는다면, 그을 수 있는 직선의 길이는 $L=150\pi/4 \times 10^{-7}=1,178km$이다. 물론 내가 직접 그어본 적은 없다.

083

스파게티는 왜
세 조각 이상으로
부러질까?

나는 택배회사 파셀라인의 밴 차량을 볼 때마다
마일스 킹턴을 떠올린다. 마일스가 파셀라인 밴은
이탈리아 파스타의 이름이라고 했던 적이 있기 때문이다.

_리처드 인그램스(영국 저널리스트)

길고 건조하고 부러지기 쉬운 스파게티 가닥의 양 끝을 손에 쥐고 천천히 구부려 부러뜨려 보라. 당신은 스파게티 가닥이 두 조각으로 부러져 양손에 한 조각씩 들리게 되리라고 예상했을지도 모른다. 그러나 이상하게도 그런 일은 절대로 발생하지 않는다. 스파게티 가닥은 항상 세 개 이상의 조각으로 부러진다. 참 이상한 현상이다. 당신이 가는 나무 막대나 플라스틱 막대를 부러뜨린다면, 막대기는 두 조각으로 부러질 것이다. 왜 스파게티 가닥은 예상과 다르게 부러지는 것일까? 노벨 물리학상을 받은 리처드 파인만도 이 질문에 답할 수 없었다. 그의 평전에는 대니얼 힐리스가 전하는 다음과 같은 이야기가 등장한다.

우리는 스파게티를 만들고 있었다… 스파게티 가닥을 잡고 부러뜨리면 거의 항상 세 조각으로 부러진다. 왜 그럴까? 왜 스파게티 가닥은 세 조각으로 부러질까? 우리는 두 시간 동안 별의별 이론들을 생각해냈다. 우리는 스파게티 가닥을 물속에서 부러뜨리는 실험을 비롯한 여러 실험들을 고안했다. 물속에서 부러뜨리면 소리, 즉 진동이 약해질 것이라고 생각했기 때문이다. 결국 두 시간이 지나자 부엌 바닥은 부러진 스파게티 조각들로 뒤덮였고, 우리는 스파게티가 세 조각으로 부러지는 타당한 이유에 도달하지 못했다.

최근에 이 문제와 관련해서 약간의 진보가 이루어져 이것이 예상 외로 어려운 문제라는 것이 밝혀졌다. 스파게티 가닥뿐 아니라 모든 부러지기 쉬운 막대는 '파열 곡률rupture curvature'이라는 임계량보다 더 많이 휘어지면 부러진다. 여기에는 어떤 수수께끼도 없다. 그러나 그다음에 일어나는 일이 흥미롭다. 최초의 파열이 발생하면, 부러진 두 토막 각각의 한 끝은 자유롭게 방치되고 다른 한 끝은 당신의 손에 쥐여 있게 된다. 갑자기 풀려난 자유로운 끝은 곧게 펴지려고 하면서 곡률 파동을 스파게티 토막을 따라서 당신의 손 쪽으로 전파시킨다. 그 파동은 당신의 손에 쥐여 고정된 끝에서 반사되어 스파게티 토막의 여러 지점에서 뒤이어 도착한 다른 파동들과 만난다. 그렇게 파동들이 만나면 갑작스런 곡률 도약이 발생하여 스파게티 토막이 다시 한 번 부러진다. 이 새로운 파열에 의해 새 곡률 파동들이 발생하여 스파게티 토막의 여러 지점에서 국지적으로 임계값을 초과하는 곡률 상승을 일으킬 수 있다.

결론적으로 스파게티 가닥은 첫 파열 이후에 한 번 이상 더 파열할 것이다. 당신이 쥔 스파게티 토막에 남은 에너지가 너무 적어서 곡률 파동이 전파될 수 없게 되면 파열은 종결된다. 그 사이에 양 끝이 모두 자유로워진 토막들은 바닥으로 떨어진다.

오이의
미적인
성취

084

냉정하고 침착하게 생각하라. 오이를 생각하라.

_스티븐 모스(영국 역사학자)

런던 시티에서 가장 도드라진 현대 건축물은 '스위스 리 빌딩Swiss Re building'이나 '솔방울' 또는 '오이'라는 이름으로 더 잘 알려진 세인트 매리 액스 30번지이다. 찰스 왕세자는 그 건물이 런던의 얼굴에 뾰루지처럼 돋은 마천루의 전형이라고 여긴다. 그 건물을 짓고 현대의 상징이라고 선언한 노먼 포스터와 그의 동료들은 2004년 영국 왕립건축가협회 스털링 상RIBA Stirling Prize을 받았다. '오이'는 스위스 리 보험회사를 널리 알리는 데 성공했고 런던 시티의 전통적인 풍경에 마천루가 바람직한가에 관한 폭넓은 논쟁을 불러일으켰다. '오이'의 미적인 성취에 대해서는 지금도 논쟁이 지속되고 있다. 아무튼 스위스 리 보험회사가 그 건물의 상업적 성취에 적잖이 실망했으리라는 점은 거의 확실하다. 그 회사는 사무실 공간 34층 가운데 아래쪽 15층만 사용하는데, 나머지 공간을 단일 기업에 임대하는 데 실패했다. 그리 놀랄 일은 아니다. 그 공간 전체에 세들 능력이 있는 유명 기업들은 '오이'가 '스위스 리'라는 이름과 뗄 수 없는 관련을 맺었기 때문에 자기네가 거기에 입주하면 영원히 들러리 노릇만 하리라는 점을 알아챘을 것이다. 결국 그 공간은 소규모 사업자들에게 분할 임대되었다.

'오이'의 가장 두드러진 특징은 높이가 180m에 달할 정도로 크다는 것이다. 그런 마천루를 지으려면 구조 및 환경 문제들을 해결해야 한다. 오늘날 기술자들은 대형 건물을 정교하게 모방한 컴퓨터 모형을 만들어 건물이 바람과 열에 어떻게 반응하고 외부의 신선한 공기를 어떻게 빨아들이고 지면의 보행자들에게 어떤 영향을 미치는지 탐구할 수 있다. 설계의 한 측면(예컨대 건물 표면의 반사율)을 변경하면 (내부 온도와 냉방 수요의 변화 등의) 다양한 변화가 발생하는데, 정교한 컴퓨터 시뮬레이션을 이용하면 그 모든 변화들을 한꺼번에 볼 수 있다. 복잡한 건물을 설계할 때 '한 번에 하나씩' 해나가는 것은 좋은 방법이 아니다. 현대 건축가는 여러 과제들을 한꺼번에 해결해야 한다.

'오이'의 우아한 곡선 윤곽은 아름다워지려는 욕망이나 특이한 모양으로 논란을 일으키려는 욕망의 소산만은 아니다. 건물 평면이 지면에서 좁게 시작해서 점점 넓어져 16층에서 가장 넓고 더 위로 올라가면 다시 점점 좁아지기 때문에 만들어지는 그 곡선 윤곽은 컴퓨터 모형들을 검토하여 선택된 것이다.

높은 건물들은 내부의 바람을 집중시켜 지면 높이에 뚫린 좁은 통로들로 내보낸다. (호스 끝을 손가락으로 약간 막아서 물이 더 멀리 뿜어지게 만드는 것과 유사하다. 호스 끝을 약간 막으면 수압이 증가하여 물줄기의 속력이 증가한다.) 이때 배출되는 바람은 거리의 보행자들이나 건물 사용자들에게 끔찍한 피해를 입힐 수 있다. 사람들이 마치 풍동風洞 속에 있는 것처럼 세찬 바람을 맞게 되기 때문이다. 그러나 건물의 아랫부분이 점점 좁아지면 공기의 흐름이 덜 압박되기 때문에, 해로운 바람의 효과는 줄어든다. 건물의 윗부분이 점점 좁아지는 것에도 중요한 이유가 있다. 당신이 직선으로 솟구친 마천루 옆 지면에 서서 건물 꼭대기를 바라보면, 건물은 하늘의 대부분을 가리고 당신 자신은 난쟁이처럼 왜소하게 느껴진다. 반면에 윗부분이 점점 좁아지는 건물 옆 지면에서 위를 바라보면, 건물 꼭대기가 보이지 않기 때문에 위압감이 덜하고 하늘도 덜 가려진다.

'오이'가 지닌 또 하나의 놀라운 특징은 평면이 정사각형이나 직사각형이 아니라 원형이라는 점이다. 원형 평면은 건물 주위의 공기 흐름을 부드럽고 느리게 만드는 데 기여할 뿐만 아니라 건물이 특별히 환경친화적이 되도록 해준다. '오이'의 각 층 평면의 가장자리에는 삼각 쐐기 모양의 공간 6개가 있다. 그 공간들은 빛과 자연적인 바람을 건물 내부로 끌어들여 통상적인 냉난방 수요를 줄인다. 그 덕분에 '오이'는 같은 규모의 일반적인 건물보다 에너지 효율이 두 배 높다. 또 한 층의 쐐기 공간들과 그다음 층의 쐐기 공간들은 똑바로 연결되지 않고 약간 어긋나게 연결되어 건물 내부로 공기가 더 잘 빨려들고 건물 외관에 뚜렷한 나선무늬가 생긴다.

'오이'의 둥근 외벽을 멀리서 보면 표면의 유리판들 각각이 휘어진 것처럼 보일 수도 있지만 실제로는 그렇지 않다(휘어진 유리판을 생산하려면 복잡하고 비용이 많이 들 것이다). 그 판들은 건물 표면의 굴곡이 느껴질 정도의 규모보다 충분히 작기 때문에 각각 평평하면서도 잘 짜 맞춰진 전체로서 근사적으로 둥근 표면을 이룰 수 있다. 그 판들이 작으면 작을수록, 건물의 표면은 더 근사한 곡면이 될 것이다.

물가상승의
지표,
평균

085

평균적인 인간은 젖가슴 한 개와 불알 한 쪽을 가졌다.

_데스 매케일(아일랜드 수학교수)

경제가 발전한 모든 나라에는 시민의 평균적인 생활비 변화를 가늠하기 위한 지표가 있다. 소비물가지수RPI, 소비자물가지수CPI 등으로 불리는 그 지표는 주요 식품, 우유, 난방, 조명과 같은 대표적인 재화들의 가격에서 도출되며 전통적으로 인플레이션의 척도이고 인플레이션을 감안한 임금 및 이윤 산정의 기준이기도 하다. 따라서 시민들은 이 지표가 높기를 바라는 반면, 정부는 낮기를 바란다.

물가지수를 계산하는 한 가지 방법은 단순히 여러 재화 가격의 평균을 구하는 것이다. 다시 말해 여러 품목들의 가격을 합산한 값을 품목의 개수로 나누는 방법이 있다. 통계학자들은 이 방법으로 얻은 결과를 산술평균 또는 그냥 '평균'이라고 부른다. 사람들이 알고자 하는 것은 대개 물가의 변화이다. 그래서 사람들은 작년 물가와 올해 물가를 비교하려고 후자를 전자로 나눈다. 이 나눗셈의 결과가 1보다 크면 물가가 오른 것이고, 1보다 작으면 물가가 내린 것으로 아주 간단하다. 그런데 혹시 숨은 문제들이 있을까?

어떤 가구가 매주 쇠고기와 생선을 사는 데 쓰는 금액이 똑같은데 일주일 만에 쇠고기 가격이 두 배로 오르고 생선 가격은 그대로라고 해보자. 만일 이 가구가 이번 주에도 똑같은 양의 쇠고기와 생선을 산다면, 쇠고기와 생선에 지출하는 금액은 50% 증가하여 지난 주 지출액의 1.5배가 될 것이다. 요컨대 쇠고기 가격 변화율과 생선 가격 변화율의 평균은 $\frac{1}{2}(1+2)$이다. 이때 $\frac{1}{2}$은 단지 품목의 개수(2)로 나누는 것을 의미하고, 1은 생선 가격의 변화율(변화 없음), 2는 쇠고기 가격의 변화율(2배 상승)을 의미한다.

물가상승률 1.5, 다시 말해 50% 인플레이션은 신문의 머리기사가 되고도 남을 것이다. 그러나 쇠고기를 먹지 않는 가구에게 이 인플레이션은 무의미하다. 그 가구가 생선만 먹는다면, 주간 지출액에 변화가 없을 테니까 말이다. 게다가 이 물가상승률은 모든 가능한 식품 선택을 평균한 결과로, 사람들이 쇠고기 가격의 상대적 상승에도 불구하고 쇠고기와 생선을 똑같은 양만큼 소비할 것이라고 전제한다. 이 전제는 인간의 심리에 관한 것이다. 그러나 사람들의 실제 행동은 다를 수도 있다. 예컨대 생선과 쇠고기를 사는 양을 조절하여 양쪽에 동일한 금액을 지출할 수도 있다. 다시 말해 가격 상승 때문에 쇠고기를 덜 살 수도 있다는 것이다.

이처럼 가구들이 가격 변화에 대응하여 각 품목에 지출하는 금액의 비율을 일정하게 유지할 것이라고 전제하면, 단순한 산술평균 물가지수를 다른 유형의 평균으로 대체할 필요성이 제기된다.

두 수의 기하평균은 두 수를 곱한 값의 제곱근이다. (일반적으로 수 n개의 기하평균은 그 수들을 전부 곱한 값의 n제곱근이다.) 그러므로 쇠고기 가격 변화율과 생선 가격 변화율의 기하평균은 다음과 같다.

$$\sqrt{(\text{이번 주 쇠고기 가격}/\text{지난 주 쇠고기 가격}) \times}$$

$$\sqrt{(\text{이번 주 생선 가격}/\text{지난 주 생선 가격})} = \sqrt{1} \times \sqrt{2} = 1.41$$

흥미롭게도 임의의 수들의 기하평균은 산술평균보다 항상 작다. (다시 말해 임의의 x와 y에 대해서 부등식 $\frac{1}{2}(x+y) \geqq (xy)^{1/2}$이 항상 성립한다. 왜냐하면 $(x^{1/2}-y^{1/2})^2$이 항상 0보다 크거나 같기 때문이다.) 따라서 정부는 물가지수를 기하평균으로 계산하는 쪽을 선호할 것이 틀림없다. (미국 노동부는 1999년에 소비자물가지수 계산법을 산술평균에서 기하평균으로 바꾸었다.) 물가지수를 기하평균으로 계산하면 물가상승률이 낮은 것처럼 보이기 때문에 임금 및 사회보장 혜택이 덜 상승하는 효과가 있다.

기하평균은 정치적인 장점 외에 실질적인 장점도 있다. 물가상승률을 알려면 한 시점에서의 물가지수와 다른 시점에서의 물가지수를 비교해야 한다. 만일 물가지수를 산술평균으로 계산한다면, 지난 1년 동안 물가가 얼마나 올랐는지 알기 위해서 2007년 가격들의 산술평균을 2007년 가격들의 산술평균으로 나눠야 한다. 그런데 산술평균을 구하려면 단위가 예컨대 1kg당 파운드, 1L(리터)당 파운드 등으로 가지각색인 가격들을 합산해야 한다. 이렇게 단위들이 제각각이면 가격들의 합이나 산술평균을 다른 시점에서의 합이나 산술평균과 비교하는 것이 무의미해진다. 반면에 가격들의 기하평균을 계산할 때는, 각 품목의 2008년 가격과 2007년 가격을 동일한 단위로 나타내기만 한다면 어떤 단위들이 등장해도 문제가 되지 않는다. 왜냐하면 2008년 가격들의 기하평균을 2007년 가격들의 기하평균으로 나눠 물가상승률을 얻을 때, 모든 단위들이 약분되기 때문이다. 이처럼 기하평균은 맥락에 따라서 아주 훌륭한 지표가 될 수 있다.

모든 것을 알면
불리할 수도
있다

086

중고 브리태니커 백과사전. 상태 최상.
모르는 것이 없는 남편과 살기 때문에 필요가 없어서 판매함.

_광고 문구

모든 것을 알면 어떨지 상상해보라. 아마 상상하기가 어려울 것이다.
당신이 알고 싶은 모든 것이나 알 필요가 있는 모든 것을 알면 어떨지
상상하는 것이 더 쉬울 듯하다. 알고 싶은 것들만 알아도 대단한 수준
일 것이다. 당신은 다음 주 로또 1등 번호를 알 것이고, 연착하지 않는
열차를 알 것이고, 중요한 축구경기의 승자를 알 것이다. 당신은 어마
어마하게 유리한 삶을 살 것이다. 어쩌면 예상치 못한 기쁨을 누리지
못해서 결국 불행해질지도 모르지만 말이다.

당신이 모든 것을 알면 발생하는 이상한 역설이 있다. 그 역설은 모
든 것을 아는 당신이 그렇지 않은 당신보다 더 불리할 수 있음을 보여
준다. 무시무시한 치킨 게임을 상상해보자. 그 게임을 하는 두 조종사

는 (마치 말을 타고 창을 들고 결투하는 중세의 기사들처럼) 각자 비행기를 타고 엄청난 속도로 서로를 향해 날아간다. 먼저 옆으로 비켜나는 조종사가 진다. 이 게임에서 이기는 전략은 무엇일까? 만일 한 조종사가 절대로 비켜나지 않는다면, 상대방도 비켜나지 않을 경우 둘 다 죽어 아무도 이기지 못할 것이다. 만일 한 조종사가 매번 비켜난다면 그는 절대로 이기지 못할 것이고, 상대방도 비켜날 때만 무승부가 될 것이다. 손실을 최소화하는 확실한 전략은 오로지 매번 비켜나는 것뿐이다. 때로는 비켜나고 때로는 비켜나지 않는 혼합 전략은 경우에 따라 승리로 이어지겠지만, 상대방이 매번 비켜나지 않는다면 언젠가 결국 죽음으로 이어질 것이다. 만일 상대방도 이와 똑같이 생각한다면 똑같은 결론에 도달할 것이다.

이제 이 치킨 게임을 모든 것을 아는 상대방과 한다고 해보자. 상대방은 당신의 전략이 무엇인지 안다. 그러므로 당신은 절대로 비켜나지 않는 전략을 선택해야 한다. 그러면 상대방은 당신의 전략이 절대로 비켜나지 않는 것임을 알 테고, 따라서 매번 비켜나기 전략을 선택할 것이다. 요컨대 모든 것을 아는 상대방은 당신을 절대로 이기지 못할 것이다.

이 이야기는 첩보활동과 관련해서 중요한 의미가 있다. 만일 당신이 적의 통신 내용을 모두 듣고 있는데 적이 그 사실을 안다면, 당신의 도청은 오히려 당신에게 불리하게 작용할 수도 있다.

087

높은 지능이 단점이 될 수 있을까?

신께서 진리를 찾는 나를 도우시고
진리를 찾았다고 믿는 자들로부터 나를 보호하시기를 바랍니다.

_영국의 오래된 기도문

천문학자들이 고등한 외계인들에 대해서 논하거나 생물학자들이 오늘날보다 더 영리해진 미래의 인간들을 논할 때, 지능의 증가는 당연히 좋은 일이라고 전제된다. 진화 과정은 생존과 자손 생산의 확률을 높이는 특징들이 대물림될 가능성을 증가시킨다. 높은 지능이 단점일 수 있다는 것은 좀처럼 상상하기 어렵다.

만일 당신이 평균 이상의 지능을 가진 개인들로 공동체를 구성하려고 한 적이 있다면, 당신은 높은 지능이 단점일 수 있다는 것을 쉽게 받아들일 것이다. 좋은 예로 대학의 학과장이나 여러 저자의 글을 모아 책을 만드는 편집자의 난감한 처지를 들 수 있다. 당신이 학과장이나 편집자라면, 높은 지능은 개인주의, 독립적인 사고, 다른 생각을 지닌

사람에 대한 공격성을 동반하는 경향이 있음을 곧 깨달을 것이다. 아마
도 지능 진화의 초기 단계에서는 타인들과 대립하지 않고 함께 일하며
어울리는 능력이 더 중요했을 테지만, 지금은 그렇지 않은 것 같다.

그렇다면 오늘날 인간의 지능이 급속하게 발전하여 초인적인 수준
에 이른다면, 사회에 재앙이 닥치지 않을까? 다른 한편으로, 내다볼 수
있는 위험에 대처할 필요성을 생각할 때 낮은 지능은 확실히 단점이다.
그러므로 주어진 환경에서 장기적인 생존 가능성을 극대화하는 최적의
지능 수준이 있을 것도 같다.

088

런던 지하철 지도의 사회학적 영향력

예술은 당신을 움직여야 하지만, 디자인은 그럴 필요가 없다.
혹시 버스 디자인이라면 몰라도 말이다.

_데이비드 호크니(영국 화가)

언젠가 런던 중심가에서 지하철 지도를 보면서 길을 찾으려 애쓰는 관광객 두 명을 본 적이 있다. 지하철 지도를 보면 그림책을 보는 것보다야 낫겠지만 별 도움은 되지 않을 것이다. 런던 지하철 지도는 예술과 기능 양면에서 훌륭한 디자인 작품이지만 놀랍게도 역들의 위치를 지리적으로 정확하게 알려주지 않는다. 그 지도는 위상수학적 지도라서, 역들이 어떻게 연결되는지는 정확하게 보여주지만 실용성과 아름다움을 위해서 역들의 실제 위치를 왜곡한다.

런던 지하철 회사에 이런 유형의 지도를 만들자고 처음 제안한 인물은 해리 벡이었다. 당시에 그는 전자공학을 공부한 젊은 제도공이었다. 런던 지하철 회사는 1906년에 설립되었지만, 1920년에는 상업적으로 쇠퇴하고 있었다. 런던 외곽에서 중심까지 이동하는 경로가 겉보기에 복잡하고 긴 것도 중요한 쇠퇴의 원인이었다. 특히 환승이 필수적일 때 이동 경로가 매우 복잡한 것처럼 보였다. 런던 중심가는 수백 년 동안 포괄적인 계획 없이 팽창하여 도로들이 뒤죽박죽이었기 때문에, 지리적으로 정확한 지도는 혼란스럽기 그지없었다. 런던은 전체적인 도로 설계가 있는 뉴욕이나 파리와 달랐으며, 사람들은 지하철을 기피했다.

벡이 1931년에 그린 깔끔한 지하철 지도는 (비록 처음에는 지하철 회사 홍보국과 사장 프랭크 피크에게 퇴짜를 맞았지만) 많은 문제들을 한 방에 해결했다. 기존의 지도들과 영 다르고 전자회로판을 연상시키는 벡의 지도는 수직선과 수평선과 45도 대각선만으로 구성되었다. 더 개선된 지도는 템스 강도 상징적으로 표현했고 환승역을 세련되게 나타냈으며 릭먼스워스, 모든, 욱스브리지, 콕포스터처럼 먼 곳들이 런던 중심에서 가까워 보이도록 런던 외곽의 지리를 왜곡했다. 이후 40년 동안 지하철 지도를 개선하고 확장한 벡은 새 노선들을 추가할 때 언제나 단순성과 명료성을 추구했다. 그는 전통적인 지도와 헷갈리지 않게 하려고 자신의 지하철 지도를 항상 '런던 지하철 도안' 또는 간단히 '도안'이라고 불렀다.

벡의 고전적인 디자인 작품은 최초의 위상수학적 지도였다. 그 지도는 역들 사이의 연결을 끊지만 않는다면 마음대로 잡아 늘이고 비틀어서 모양을 바꿔도 무방하다. 그 지도가 고무판에 그려졌다고 상상해보자. 당신은 그 고무판을 찢거나 자르면 안 되지만 아무렇게나 잡아 늘이고 비틀어도 된다. 벡의 작품은 지도로서 기능했을 뿐 아니라 사회학적인 영향력도 발휘했다. 그 지도 덕분에 런던에 대한 사람들의 생각이 달라졌다. 그 지도는 런던 외곽을 끌어들여 거기에 사는 사람들이 런던 중심에서 가까운 곳에 산다는 느낌을 갖도록 만들었다. 심지어 외곽의 부동산 가격까지 달라졌다. 오늘날 그 지도는 런던의 '실제 모습'이라고 해도 과언이 아니다.

벡의 아이디어는 독창적이고 합리적이다. 당신이 지하철을 타고 이동 중이라면, 버스를 타거나 걸어갈 때와 달리 당신의 위치를 알 필요가 없다. 다만 지하철을 어디에서 타고 내려야 하는지, 어떻게 갈아타야 하는지만 알면 된다. 먼 외곽을 중심 근처로 끌어들이는 디자인은 런던 시민들의 연대감을 강화할 뿐 아니라 아름답고 대칭적이며 접으면 주머니에 쏙 들어가는 지하철 지도를 만들 수 있게 해준다.

089

재미없는
수는 없다

모든 것은 나름대로 아름답다.
_레이 스티븐스(미국 가수)

수들의 목록은 끝없이 이어진다. 1, 2, 3 같은 작은 수들은 일상에서 늘 쓰인다. 자녀가 몇 명인지, 자동차가 몇 대인지, 쇼핑센터에서 살 물건이 몇 개인지 이야기할 때 작은 수들이 등장한다. 적은 개수의 사물들을 뭉뚱그려 지칭하는 영어 단어는 아주 다양하다. 예컨대 'double(둘)', 'twin(많이 닮은 둘)', 'brace(동물 두 마리)', 'pair(한 쌍)', 'duo(조화로운 둘)', 'couple(짝을 이룬 사람 두 명)', 'duet(조화로운 둘)', 'twosome(한 덩어리가 된 둘)'이 있다. 이렇게 다양한 단어들이 있다는 사실은 그것들이 십진법보다 먼저 생겨났음을 시사한다. 작은 수들은 어느 것이나 나름대로 재미있다. 1은 가장 작은 자연수, 2는 첫 번째 짝수, 3은 1과 2의 합, 4는 소수가 아니어서 자기 자신 이외의 다른 수로 나누어떨어지는 첫 번째 수, 5는 제곱수(2^2) 더하기 1과 같다. 이런 식으로 그다음 수들에서도 재미있는 특징들을 발견할 수 있을 것이다. 그러다 보면 수들의 무도회장에 꿔다 놓은 보릿자루처럼 멍하니 있는 전혀 재미없는 수가 과연 있을까 하는 의문이 들 법하다.

모든 수는 나름대로 재미있다는 명제를 증명할 수 있을까? 증명할 수 있다. 증명 방법은 다른 많은 수학적 명제를 증명할 때도 쓰이는 귀류법이다. 당신은 우선 증명할 명제의 부정이 참이라고 전제하고, 그 전제에서 모순을 도출한다. 그러면 당신의 전제가 거짓이라는 것이 증명된다. 따라서 원래 증명할 명제가 참이라는 것이 증명된다. 이 증명 방법은 체스에서 상대방에게 작은 이익을 일부러 내주고 그 대가로 훨씬 더 큰 이익을 챙기는 묘수와 유사하다. 그런데 귀류법은 말 하나 정도를 내주는 것이 아니라 판 전체를 내줬다가 결국 승리를 거두므로 묘수 중의 묘수인 셈이다.

재미없는 양의 정수들이 있다고 전제해보자. 그런 수들의 집합이 존재한다면, 그 집합에는 가장 작은 원소가 있을 것이다. 그런데 가장 작은 원소는 그것의 정의에 입각해서 재미있다. 왜냐하면 가장 작은 재미없는 수로 정의되었기 때문이다. 그러므로 가장 작은 원소는 재미없으면서 또한 재미있는 수이다. 이것은 모순이므로 재미없는 수들이 있다는 처음 전제가 거짓이다. 결론적으로 모든 양의 정수는 '재미있을' 수밖에 없다.

모든 양의 정수가 재미있다는 것을 보여주는 일화가 있다. 수학자들 사이에 잘 알려진 그 일화의 주인공은 영국 수학자 고드프리 하디와 유명한 인도 수학자 스리니바사 라마누잔이다. 어느 날 하디는 런던의 어느 병원에 입원한 친구 라마누잔에게 문병을 갔다. 하디는 택시를 타고 가면서 차량 번호 1729를 눈여겨보았다. 그는 수 1729를 골똘히 생각하고 있었던 듯, 라마누잔이 누워 있는 병실에 들어가 인사를 하자마자 불만을 터뜨렸다. 하디는 1729가 '아주 재미없는 수'라고 단언하면서 그 수가 기억에 남은 것이 나쁜 징조가 아니기를 바란다고 덧붙였다. 그러자 라마누잔이 대꾸했다. "아냐, 하디. 1729는 아주 재미있는 수야. 두 세제곱수의 합으로 나타내는 방법이 두 가지인 가장 작은 수거든."(1729=1^3+12^3=9^3+10^3. 양의 정수의 세제곱만 허용하지 않고 음의 정수의 세제곱도 허용하면, 두 세제곱수의 합으로 나타내는 방법이 두 가지인 가장 작은 수는 91이다. 91=6^3+$(-5)^3$=4^3+3^3) 오늘날 그런 수들을 가리키는 명칭인 '택시 수taxicab number'는 이 일화에서 유래했다.

내 암호는 안전할까?

090

16세기와 17세기에는 당대 최고의 수학자들이 자신의 발견을 암호로 발표하는 일이 드물지 않게 있었다. 최초 발견을 인정받으려고 애쓰는 현대 과학자들은 미친 짓이라고 생각하겠지만, 그 옛날 수학자들의 행동에는 그럴 만한 이유가 있었다. 그들은 말하자면 케이크를 혼자 먹고자 했던 것이다. 당신이 새로운 수학적 '비결'을 공개하면 발견자로서 명예를 얻을 수 있겠지만, 다른 사람들이 그 비결을 이용하여 더 큰 발견을 함으로써 당신을 능가할 수 있다. 그러므로 당신은 둘 중 하나를 선택할 수 있다. 첫째, 당신의 발견과 관련이 있는 다른 발견들의 가능성을 충분한 시간을 두고 꼼꼼히 탐색한 다음에 비로소 맨 처음에 발견한 것을 발표한다. 이렇게 하면 당신이 발견한 것을 다른 사람도 발견하여 먼저 발표할 위험이 있다. 둘째, 당신의 발견을 암호로 발표한다. 암호가 해독되지 않는다면, 다른 사람들은 당신의 새 비결을 써먹을 수 없다. 또한 누군가 당신을 따라잡아 그 비결을 발표하면, 당신은 이미 발표된 암호문을 해독하여 당신이 그 비결을 훨씬 먼저 발견했음을 보여줄 수 있다. 아주 교묘한 행동이 아닐 수 없다. 서둘러 덧붙이지만, 오늘날 과학계와 수학계에서는 이런 행동을 하지 않으며 설령 누군가 시도하더라도 아마 용인되지 않을 것이다. 그러나 문학계에서는 이런 행동을 하는 사람이 있다. 예컨대 빌 클린턴의 대통령 선거전을 다룬 정치소설 『삼원색*Primary Colors*』은 최초 발견의 명예도 얻고 비결도 독점하려는 노력의 산물인 것처럼 보인다. 이 작품의 저자는 언론인인데 처음에는 익명으로 책을 출판했다.

오늘날 당신이 암호를 이용해서 당신의 정체를 숨기려고 한다면, 어떤 수학을 이용할 수 있을까? 아주 큰 소수 한 쌍, 예컨대 104,729와 105,037을 생각해보자. (자릿수가 수백에 달하는 훨씬 큰 소수들을 생각할 수도 있겠지만, 논의를 위해서는 이 소수들도 충분히 크다.) 두 소수를 곱한 결과는 11,000,419,973이다. 여담이지만, 당신의 계산기를 너무 신뢰하지는 마라. 당신의 계산기는 아마 이렇게 큰 수를 감당하지 못하고 어딘가에서 반올림을 할 것이다. 내 계산기에는 11,000,419,970이라는 결과가 찍혔다.

이제 발견을 암호로 발표하는 것을 다시 생각해보자. 당신은 책을 써서 당신의 발견을 발표하려 하는데, 당신의 정체를 공개하기 싫다. 하지만 당신은 어떤 은밀한 '서명'을 책에 집어넣어 언젠가 당신이 저자라는 것을 보여줄 수 있기를 원한다. 그렇다면 당신은 큰 소수 두 개의 곱인 11,000,419,973을 책의 뒤표지 안쪽에 인쇄해 놓을 수 있다. 당신은 이 수의 소인수들(104,729와 105,037)을 알고 있으므로 그 소인수들을 곱하면 이 수가 나온다는 것을 쉽게 보여줄 수 있다. 반면에 다른 사람들이 11,000,419,973을 보고 그 소인수들을 찾는 것은 결코 쉬운 일이 아니다. 만일 당신이 자릿수가 400인 소수 두 개를 곱한 결과를 인쇄해 놓는다면, 그 수의 소인수들을 찾는 일은 고성능 컴퓨터를 동원한다 하더라도 평생 걸릴 수 있다. 우리의 '암호'를 깨는 것은 물론 불가능한 일은 아니다. 그러나 아주 오랜 시간이 걸려야만 깰 수 있으므로, 우리의 암호는 충분히 안전하다.

수들을 곱하는 작업과 인수분해하는 작업은 이른바 '뚜껑문trapdoor' 연산에 속한다(27장 참조). 한 방향으로는 (뚜껑문을 밀고 나갈 때처럼) 신속하고 쉽게 할 수 있지만, 반대 방향으로 하려면 (뚜껑문을 당겨 열고 들어갈 때처럼) 더디고 어렵다. 두 소수를 곱하는 것과 유사하면서 더 복잡한 연산은 오늘날 전 세계의 거의 모든 상업용 암호와 군사용 암호의 토대로 쓰인다. 예를 들어 당신이 온라인 쇼핑을 할 때 안전결제 사이트에 입력하는 신용카드 정보는 큰 소수들과 결합된 상태로 온라인 쇼핑몰로 전송된 다음에 소인수분해를 통해 해독된다.

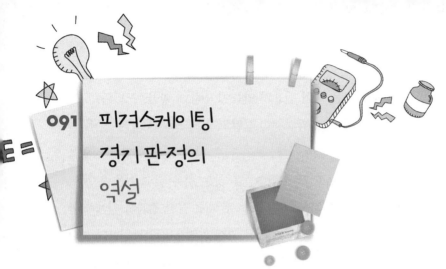

091

피겨스케이팅 경기 판정의 역설

시드니 모건베서(미국 철학자)는 저녁식사를 마치고 후식을 주문하기로 한다.
여종업원이 사과 파이와 블루베리 파이가 있다고 알려준다.
시드니는 사과 파이를 주문한다.
몇 분 후에 여종업원이 돌아와 체리 파이도 있다고 알려주자,
모건베서는 이렇게 말한다.
"그렇다면, 블루베리 파이로 주세요."

_학계의 농담

우리가 선택을 하거나 투표를 하는 상황을 생각해보자. 만일 우리가 처음에 주어진 선택지들 가운데 K를 선택했는데 누군가 다가와서 또 다른 선택지 Z도 있다고 알려주면, 우리는 계속 K를 고수하거나 새로운 Z를 선택할 것이다. K나 Z가 아닌 다른 선택지를 고른다면, 원래 거부했던 것을 다시 선택하는 셈이므로 비합리적인 것 같다. 새 선택지가 추가된다고 해서 다른 선택지들에 대한 선호 순위가 바뀔 까닭이 있겠는가?

거의 모든 경제학자와 수학자는 그런 순위 변경을 허용하지 말아야 한다고 굳게 믿는다. 그래서 일반적으로 선거법에는 그런 순위 변경을 배제하는 조항이 들어간다. 그러나 다들 알듯이, 인간의 심리는 완전히

합리적일 때가 극히 드물고, 상관없는 선택지가 우리의 선호 순위를 바꿔놓는 경우들이 있다. 앞에서 인용한 시드니 모건베서의 일화에서처럼 말이다.

악명 높은 예로 자가용의 대안으로 빨간 버스를 제공한 교통 당국의 이야기가 있다. 빨간 버스가 생기자 머지않아 전체 시민의 절반은 빨간 버스를 이용했고 나머지는 자가용을 이용했다. 그런데 파란 버스가 추가로 도입되었다. 이제 전체 시민의 1/4이 빨간 버스, 다른 1/4이 파란 버스, 나머지 1/2이 자가용을 이용하는 결과가 쉽게 예상될 것이다. 시민들이 버스의 색깔을 가릴 까닭은 없지 않은가? 그런데 실제로 발생한 결과는 1/3이 빨간 버스, 1/3이 파란 버스, 1/3이 승용차를 이용하는 것이었다.

또 다른 악명 높은 예는 피겨스케이팅 경기 판정에 관한 것이다. 판정 절차 때문에 상관없는 선택지가 영향력을 발휘하여 기괴한 결과가 나오는 바람에 그 판정 절차가 폐기되는 일이 실제로 있었다. 2002년 동계올림픽 피겨스케이팅 경기에서 있었던 일이다. 그 경기에서 미국의 신예 사라 휴스는 우승 후보였던 미셸 콴과 이리나 슬루츠카야를 제치고 금메달을 차지했다. 피겨스케이팅 경기 중계방송을 보면, 개인별 점수(6.0, 5.9 등)가 공개되면서 대단한 환호와 박수가 터져 나오는 장면을 볼 수 있다. 그런데 이상하게도 2002년에 그 점수들은 우승자를 결정하는 기준이 아니었다. 그것들은 단지 선수들의 순위를 매기는 데 쓰였다. 아마 당신은 각각의 선수가 두 프로그램(쇼트프로그램과 프리스케이팅)에서 얻은 점수를 모두 합산하여 총점이 가장 높은 선수가 금메달을 차지한다고 알고 있을 것이다. 안타깝게도 2002년 솔트레이크시티 동계올림픽 피겨스케이팅 경기의 판정 절차는 그렇지 않았다. 쇼트프로그램이 끝났을 때 상위 네 선수의 순위는 다음과 같았다.

콴(0.5), 슬루츠카야(1.0), 코헨(1.5), 휴스(2.0)

당시의 절차에 따라서 1위부터 4위까지 선수들에게 순서대로 0.5점, 1.0점, 1.5점, 2.0점이 부여되었다. 낮을수록 좋은 이 새 점수가 부여됨으로써 박수갈채와 함께 공개된 6.0, 5.9 따위의 점수들은 아예 잊혀졌다. 바로 이 대목이 중요하다. 5위가 2위를 몇 점 차로 이겼는지에 상관없이, 새 점수에서 5위는 2위보다 0.5점 앞선다. 이어진 프리스케이팅에도 똑같은 원리의 판정 절차가 적용되었다. 다만 부여되는 점수들이 쇼트프로그램의 두 배라는 점만 달랐다. 그러니까 프리스케이팅 1위는 1점, 2위는 2점, 3위는 3점 등을 받았다. 그런 다음에 각 선수의 쇼트프로그램 점수와 프리스케이팅 점수를 합해서 총점을 계산했다. 금메달은 그 총점이 가장 낮은 선수의 몫이었다.

휴스, 콴, 코헨이 프리스케이팅 연기를 끝내고 슬루츠카야는 아직 하지 않았을 때, 프리스케이팅 성적은 휴스가 1위로 1점, 콴이 2위로 2점, 코헨이 3위로 3점이었다. 그러므로 그 시점에서 쇼트프로그램 점수까지 합산한 순위는 다음과 같았다.

1위: 콴(2.5), 2위: 휴스(3.0), 3위: 코헨(4.5)

마지막으로 슬루츠카야가 프리스케이팅 연기를 하고 2위에 올랐다.

따라서 프리스케이팅 최종 순위는 다음처럼 되었다.

휴스(1.0), 슬루츠카야(2.0), 콴(3.0), 코헨(4.0)

그리하여 기이하게도 휴스가 총점 순위 1등에 올랐다. 상위 네 선수의 총점 순위가 다음과 같았기 때문이다.

1위: 휴스(3.0), 2위: 슬루츠카야(3.0), 3위: 콴(3.5), 4위: 코헨(5.5)

휴스가 1위이고 슬루츠카야가 2위인 까닭은 총점이 동점일 때는 프리스케이팅 성적이 우수한 사람이 이긴다는 규정이 있기 때문이다. 하지만 이 판정 절차는 누가 봐도 이상한 결과를 빚어냈다. 슬루츠카야의 성적 때문에 콴과 휴스의 순위가 뒤바뀌는 결과가 나온 것이다. 콴과 휴스가 경기를 마쳤을 때, 콴은 휴스보다 앞서 있었다. 그런데 슬루츠카야까지 경기를 마치고 나니, 콴이 휴스보다 뒤처졌다! 콴과 휴스 두 사람 중에서 누가 뛰어난가에 대한 판정이 슬루츠카야의 성적 때문에 달라진 셈이다. 어떻게 이럴 수 있는가? 이것이 바로 상관없는 선택지의 역설이다.

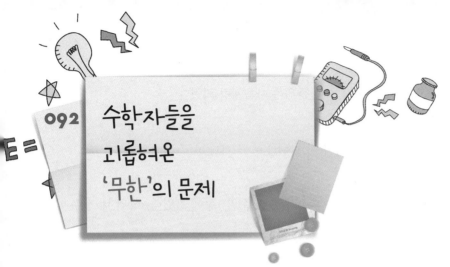

092

수학자들을 괴롭혀온 '무한'의 문제

역사란 몹쓸 일 다음에 또 몹쓸 일이 이어지는 과정일 따름이다.

_학계의 농담

무한은 수천 년 전부터 수학자들과 철학자들을 괴롭혀온 까다로운 문제이다. 끝없이 이어진 수들의 합은 무한히 클 수도 있고, 어떤 정해진 값에 점점 더 접근할 수도 있고, 정해진 값을 갖기를 아예 거부할 수도 있다. 얼마 전에 나는 '무한'에 관한 강연을 하면서 다음과 같은 단순한 등비급수를 언급했다.

$$S = \frac{1}{2} + \frac{1}{4} + \frac{1}{8} + \frac{1}{16} + \frac{1}{32} + \frac{1}{64} \cdots$$

급수의 각 항은 바로 앞에 있는 항의 절반이며, 그런 식으로 항들이 끝없이 이어진다. 이 급수의 합은 1이다. 그런데 강연을 듣던 사람들 중

한 명이 그 사실을 증명해 달라고 요
청했다. 그는 수학자가 아니었다.

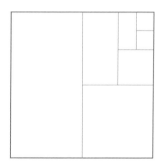

　다행히도 그림을 그려서 간단하게
증명하는 방법이 있다. 1×1 크기의
정사각형을 그려라. 그 정사각형의 면
적은 1이다. 이제 그 정사각형을 이등
분해서 사각형 두 개를 만들자. 그 사
각형 각각의 면적은 $\frac{1}{2}$이다. 다음으로 그 사각형 하나를 이등분해서 더
작은 사각형들을 만들자. 이 사각형 각각의 면적은 $\frac{1}{4}$이다. 이번에는 이
사각형 하나를 이등분해서 면적이 $\frac{1}{8}$인 사각형 두 개를 만들자. 이런 식
으로 계속 이등분한다고 치고, 위의 그림을 보라. 원래의 정사각형이
끝없이 작아지는 구역들로 분할되었다. 정사각형의 면적은 그 구역들
의 면적의 총합과 같다. 그런데 이 총합은 급수 S의 합과 같다. 그러므
로 급수 S의 합은 정사각형의 면적, 곧 1과 같다.

　S와 같은 등비급수의 합을 구하는 일반적인 방법은 다음과 같다. 급
수의 각 항이 바로 앞에 있는 항의 $\frac{1}{2}$이므로, 급수 전체에 $\frac{1}{2}$을 곱하면
다음의 등식을 얻을 수 있다.

$$\frac{1}{2} \times S = \frac{1}{4} + \frac{1}{8} + \frac{1}{16} + \frac{1}{32} + \frac{1}{64} + \cdots$$

　그런데 위 등식의 우변은 원래의 급수 S에서 첫 항 $\frac{1}{2}$을 뺀 것과 같
다. 그러므로 $\frac{1}{2} \times S = S - \frac{1}{2}$, 결론적으로 S=1이다.

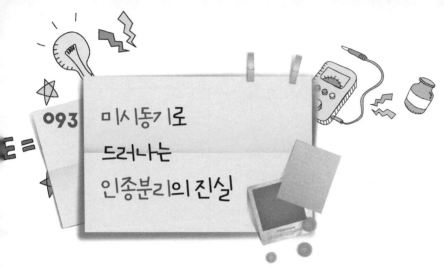

093 미시동기로 드러나는 인종분리의 진실

세상은 결코 아무도 주목하지 않는 명백한 것들로 가득 차 있다.

_셜록 홈스, 『배스커빌가의 개』에서

인종, 민족, 종교, 문화, 경제 등을 빌미로 여러 집단이 상당한 정도로 분리되는 현상은 많은 사회에서 나타난다. 한 집단이 다른 집단에 대한 반감을 노골적으로 드러내는 경우가 있는 반면, 집단들이 분리와 차별의 시도를 적어도 명시적으로는 하지 않으며 개인들이 각자 활동 영역에서 그런대로 잘 어울리는 경우도 있다. 그러나 개인들의 성향과 집단의 행동은 딴판일 수 있다. 집단의 행동은 수많은 개인의 선택들이 상호작용한 결과이기 때문이다. 과학자들이 많은 생물들의 집단행동을 연구할 때 쓰는 통계학적 기법을 사람들의 집단에 적용하면, 매우 단순하지만 예상을 벗어나는 진실을 깨달을 수 있다.

미국 정치학자 토머스 셸링은 1978년에 미국 도시들에서 인종분리가 어떻게 발생하는지 연구하기로 했다. 대부분의 사람이 단지 다른 인종에 대한 비관용에서 인종분리가 비롯된다고 생각했다. 어떤 이들은 여러 집단들을 무작위로 섞어 놓으면 인종분리를 극복할 수 있을 것이라고 생각했지만, 놀랍게도 그런 혼합의 결과 다시 분리가 일어나 여러 소규모 인종집단들이 생겨나는 것이었다. 설문조사 결과를 보면, 거주자들은 다른 인종집단에 대해서 꽤 관용적인 것 같은데도 항상 그런 결과가 발생했다.

컴퓨터 시뮬레이션을 이용하여 가상 사회들을 탐구한 결과, 평균적으로 관용의 분위기가 지배한다 하더라도 조금만 균형이 깨지면 완벽한 인종분리가 발생한다는 사실이 밝혀졌다. 임의의 가구가 주변에 사는 이웃의 1/3 이상이 자기네와 (인종, 종교, 계급 등에서) 다르면 이주하고, 이웃의 1/5 이하가 다르면 그곳에 머문다고 가정해보자. 이 조건에서 두 유형의 (인종, 종교, 계급 등이 서로 다른) 가구들('파란 가구'와 '빨간 가구')을 무작위로 섞어놓으면 가구들은 점차 갈라져서 결국 물과 기름처럼 완전히 파란 집단과 완전히 빨간 집단으로 분리되고, 두 집단 사이에 텅 빈 '완충지대'가 형성될 것이다. (흔히 쓰이는 물과 기름의 비유는 엄밀히 말해서 문제가 있다. 예컨대 물을 얼리고 녹이기를 반복하여 물에 용해된 공기를 제거하면, 물과 기름은 꽤 잘 섞인다.) 왜냐하면 빨간 가구들이 평균보다 많은 구역에 살던 파란 가구가 이주하여 다른 곳의 파란 가구들이 평균보다 더 많아지면 그곳의 빨간 가구가 이주하여 또 다른 곳의 빨간 가구들이 평균보다 더 많아지는 식의 순환과정이 되풀이될 것이기 때문이다. 거의 모든 이주는 한 유형의 가구 밀도가 평균보다 높은 곳을 향해 일어날 것이며, 두 유형이 갈리는 경계지역에서는 한 가구만 이주해도 균형이 깨질 수 있기 때문에 인구 변동이 매우 민감하게 일어날 것이다. 그 경계지역은 거주자 없이, 분리된 집단들 사이의 완충지대로 발전하는 쪽이 더 안정적이다.

이 단순한 통찰은 매우 중요하다. 심한 분리는 심각한 불관용을 함축하지 않으며 혼합 사회에서 사실상 불가피하다는 것을 보여주기 때문이다. 분리가 반드시 편견을 의미하는 것은 아니다. 물론 미국, 로디지아, 남아프리카, 유고슬라비아에서 보듯이 분리가 편견을 의미하는 경우도 있지만 말이다. 집단들의 분리를 막는 것보다 분리된 집단들 사이의 소통을 강화하는 편이 더 낫다. 거시행동은 미시동기들에 의해 결정되는데, 미시동기들은 국가 정책으로 다스릴 사안이 아닐 수 있다.

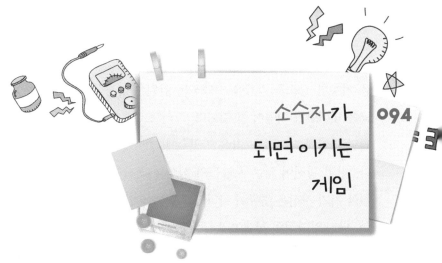

소수자가 되면 이기는 게임

094

이메일은 꼭대기에 있는 것이 자기 역할인 사람들에게
정말 좋은 도구이지만, 나에게는 그렇지 않다.
나의 역할은 바닥에 있는 것이다.

_돈 크너스(미국 컴퓨터과학자)

앞 장에서 우리는 어떤 개인도 두드러진 소수자가 되기를 원치 않는 상황에서 발생하는 집단행동의 예를 보았다. 그러나 정반대의 상황들도 있다. 만일 당신이 번잡한 일상을 벗어나 한가로운 섬에서 휴가를 즐기려고 한다면, 누구나 휴가지로 선택할 만한 곳을 선택하여 다수자가 되는 대신에 소수자가 되기를 원할 것이다. 당신이 음악이나 요리가 좋아서 누구나 선택하는 식당에 간다면, 입구에서 줄을 서서 기다리고 빈 테이블을 찾느라 어슬렁거리고 종업원이 주문을 받으러 올 때까지 한참을 기다려야 할 터이므로 한가로운 휴식은 완전히 포기해야 할 것이다. 그러니 당신은 인기가 덜한 식당에 가는 것이 더 낫다.

이 상황은 소수자가 되면 '이기는' 게임과 비슷하다. 일반적으로 사용 가능한 장소들 각각을 선택하는 인원수의 평균이 있겠지만, 그 평균을 벗어난 변이들이 클 것이다. 그러므로 유용한 승리 전략에 도달하려면 과거에 각 장소를 찾은 인원수에 대한 정보를 반드시 활용해야 한다. 만일 당신이 다른 사람들의 심리를 짐작하려고만 든다면, 당신은 결국 자기 자신은 평균이 아니라고 믿는 흔한 잘못을 저지르게 될 것이다. 당신은 당신의 선택이 똑같은 증거에 입각해서 행동하는 수많은 사람들의 선택과 다를 것이라고 생각한다. 그러나 다들 그렇게 생각하기 때문에, 예컨대 화창한 일요일 오후에 모두 똑같이 강변에 산책하러 나온다.

모든 사람들이 축적된 경험으로 최적의 전략을 채택한다면, 선택할 장소가 둘일 경우, 두 장소 각각에 절반씩 가는(인기가 특별히 많거나 적은 장소가 없는) 결과에 점점 더 가까운 결과들이 나올 것이다. 처음에는 한 곳을 찾는 인원수가 절반을 벗어나는 변이가 꽤 크게 나타날 것이고, 당신이 운 좋게 선택한 장소는 평균보다 덜 붐빌 것이다. 시간이 지나면서 당신은 과거 경험을 점점 더 많이 활용하여 언제 어디에서 그런 변이가 발생할지 예측하고 그에 따라서 덜 붐비는 장소로 가려고 할 것이다. 만일 모든 사람이 이런 식으로 행동한다면, 한 장소에 오는 인원수의 평균은 동일하게 유지되겠지만 변이는 점점 줄어들 것이다.

마지막으로 짚어볼 문제는 게임 참가자들의 성향이다. 어떤 참가자들은 과거 경험에 대한 자신의 기억과 분석을 신뢰할 것이고, 다른 참가자들은 자신의 기억과 분석을 신뢰하지 않거나 최근의 경험에만 의지할 것이다. 그러므로 참가자들은 과거 경험을 전적으로 따르는 사람들과 무시하는 사람들, 그렇게 두 집단으로 나뉘는 경향이 있다.

그런데 나쁜 선택에 따른 손해(예컨대 밥도 못 먹고 저녁 시간을 허비하는 것)가 좋은 선택에 따른 이익(신속하게 밥을 먹고 저녁 시간을 편안하게 보내는 것)보다 훨씬 크므로, 참가자들은 나쁜 선택을 하지 않으려고 조심할 것이다. 따라서 그들은 위험을 줄이기 위해서 장기적으로 두 장소를 골고루 선택하는 방향으로 나아갈 것이다. 이런 상황에서 모험적인 전략은 극적인 이익보다 극적인 손해를 더 많이 산출할 것이다. 결론적으로 참가자들의 선택은 매우 조심스러워지고 최적의 집단 결정 패턴에서 훨씬 벗어나게 될 것이며, 어떤 식당도 가득 차지 않게 될 것이다.

095

2차원 논리에 얽매이는 벤다이어그램

세상에는 두 종류의 사람이 있다.
세상 사람들을 두 종류로 나눌 수 있다고 믿는 사람,
그리고 그렇게 믿지 않는 사람.
_익명의 저자

존 벤은 잉글랜드 동부 헐Hull의 어항漁港 근처에서 태어나 1853년에 (전도유망한 수학자들이 모이는 도시인) 케임브리지의 곤빌 앤 카이우스 칼리지에 입학했고 대여섯 번째 안에 드는 우수한 수학 성적으로 졸업하여 칼리지의 강사로 선출되었다. 그 후 그는 4년 동안 칼리지를 떠나 1859년에 개신교 성직자가 됨으로써 영국 복음주의 교단의 유명인이었던 할아버지와 아버지의 뒤를 이었다. 그러나 벤은 훤히 열린 성직자의 길을 가는 대신에 1862년에 곤빌 앤 카이우스 칼리지로 돌아와 논리와 확률을 가르쳤다. 그렇게 확률과 논리와 신학과 관계를 맺었지만 벤은 실천적인 인물이었고 기계를 아주 잘 만들었다. 그가 제작한 크리켓 투수 기계는 1909년에 케임브리지를 방문한 오스트레일리아 크리켓 팀의 한 선수를 네 번이나 아웃시킬 정도로 성능이 우수했다.

벤은 논리학과 확률론 강의로 명성을 얻었다. 그는 1880년에 논리적 가능성들을 나타내는 편리한 도안을 개발했다. 그 도안은 위대한 스위스 수학자 레온하르트 오일러가 제안한 도안과 옥스퍼드의 논리학자 겸 빅토리아 시대의 초현실주의 작가인 루이스 캐럴이 제안한 도안을 곧 대체했고 마침내 1918년에 '벤다이어그램Venn diagram'으로 명명되었다.

벤의 도안은 가능성들을 공간 구역들로 표현했다. 아래의 간단한 벤다이어그램은 두 속성(또는 집합)이 있을 때 나올 수 있는 모든 가능성들을 보여준다.

A가 모든 갈색 동물들의 집합이고, B가 모든 고양이들의 집합이라고 해보자. 그러면 A와 B가 겹치는 구역은 모든 갈색 고양이를 포함한다. A의 일부이면서 B와 겹치지 않는 구역은 갈색이면서 고양이가 아닌 모든 동물을 포함한다. B의 일부이면서 A와 겹치지 않는 구역은 고양이면서 갈색이 아닌 모든 동물을 포함한다. 마지막으로 A도 아니고 B도 아닌 검은 구역은 갈색도 아니고 고양이도 아닌 모든 동물을 포함

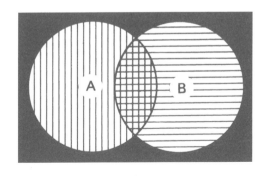

한다.

벤다이어그램은 존재할 수 있는 모든 집합들을 나타내기 위해서 널리 쓰인다. 그러나 유의할 점이 있다. 벤다이어그램은 종이 위에 그려지기 때문에 2차원 '논리'에 얽매인다.

서로 다른 네 집합을 구역 A, B, C, D로 나타낸다고 해보자. 예컨대 각각의 구역이 알렉스, 밥, 크리스, 데이브 중에서 서로 우정을 맺은 세 사람을 나타낸다고 해보자. A 구역은 서로 우정을 맺은 알렉스, 밥, 크리스를 나타낸다. B 구역은 알렉스, 밥, 데이브, C 구역은 밥, 크리스, 데이브, D 구역은 크리스, 데이브, 알렉스를 나타낸다. 이 구역들을 아래의 그림처럼 벤다이어그램으로 나타내면, A, B, C, D가 모두 겹치는 부분구역이 생긴다. 부분구역의 존재는 A, B, C, D 모두에 속한 원소가 있음을 시사하는 것처럼 보일 수 있다. 그러나 A, B, C, D 모두에 속한 사람은 없다.

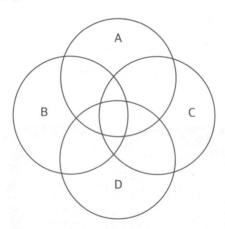

무리수
규격 용지의
장점

096

신비주의는 자기 자신의 부정과 동치인 명제들에
대한 연구라고 할 수 있을 것이다.
서양의 관점에 따르면 그런 명제들의 집합은 공집합이다.
동양의 관점에 따르면 그런 명제들의 집합은 공집합이 아닐 때,
그리고 오직 그럴 때만 공집합이다.

_레이먼드 스멀리언(미국 수학자)

복사 용지에 얽힌 흥미로운 이야기가 있다. 유럽에서는 A4 두 장을 나란히 복사기 위에 놓고 축소복사를 해서 A4 한 장으로 결과물을 얻을 수 있다. 축소는 복사 용지에 꼭 맞게 이루어지므로, 결과물에 어색한 여백 따위는 남지 않는다. 반면에 미국에서는 사정이 다르다. 미국에서 사무용으로 가장 많이 쓰이는 종이는 레터Letter 용지로, 규격은 가로 215.9mm, 세로 279.4mm이다. 이 레터 용지 두 장을 나란히 놓고 축소복사를 하면 유럽에서와 전혀 다른 결과가 나온다. 왜 그럴까? 또 이 문제가 수학이나 비합리성과 무슨 상관일까?

A4를 비롯한 국제표준ISO 용지 규격은 독일 물리학자 게오르크 리히텐베르크가 1786년에 처음으로 언급했다. 이른바 A 시리즈 용지들

의 면적은 한 등급 올라갈 때마다 두 배로 커진다. 한 등급의 가로는 그 위 등급의 세로의 절반, 세로는 그 위 등급의 가로와 같고, 모든 등급들의 가로 대 세로 비율은 동일하기 때문이다. 따라서 한 등급의 용지 두 장을 나란히 놓으면 그 위 등급의 용지 한 장과 같아진다. 예컨대 A4 두 장을 나란히 놓으면 A3 한 장과 같아진다. 용지들의 가로를 W, 세로를 L이라고 하면, 한 등급의 가로 대 세로 비율과 그 위 등급의 가로 대 세로 비율이 같아야 한다는 것은 등식 $W/L=L/2W$가 성립해야 한다는 것과 같다. 다시 말해 $L^2=2W^2$이 성립해야 하므로 가로 대 세로 비율은 1 대 $\sqrt{2}$가 되어야 한다. 요컨대 세로가 가로의 $\sqrt{2}$배여야 한다. $\sqrt{2}$는 무리수로 대략 1.41이다.

A 시리즈 용지들의 핵심 특징은 이처럼 세로가 가로의 $\sqrt{2}$배라는 것이다. 가장 큰 A0는 면적이 $1m^2$이며 세로가 가로의 $\sqrt{2}$배인 종이이다. 따라서 A0 용지의 세로 $L(A0)$와 가로 $W(A0)$는 $L(A0)=2^{1/4}m$, $W(A0)=2^{-1/4}m$이다. 다음으로 A1은 세로가 $2^{-1/4}m$, 가로가 $2^{-3/4}m$, 면적은 $1/2m^2$이다. 이런 패턴이 계속 유지될 것이므로, N=0, 1, 2, 3, 4, 5, …일 때 AN 용지의 세로와 가로는 다음과 같다.

$$L(AN)=2^{1/4-N/2},\ W(AN)=2^{-1/4-N/2}$$

그러므로 AN 용지 한 장의 면적은 $L(AN) \times W(AN)=2^{-N}m^2$일 것이다.

규격 용지의 가로 대 세로 비율은 얼마든지 다양해질 수 있다. 고대의 미술가들과 건축가들이 매우 사랑한 황금비율을 선택해도 문제될 것 없다. 만일 황금비율을 선택한다면, 종이의 세로(L)와 가로(W)가 등식 L/W=(L+W)/L을 만족시켜야 하므로, L/W=(1+√5)/2여야 한다. 그러나 이 비율은 실용적이지 않을 것이다.

세로가 가로의 √2배인 용지의 아름다움은 복사 작업에서 가장 확실하게 드러난다. 이 비율 덕분에 우리는 A3 한 장이나 나란히 놓은 A4 두 장을 축소 복사하여 A4 한 장에 꼭 맞게 출력할 수 있다. 복사기의

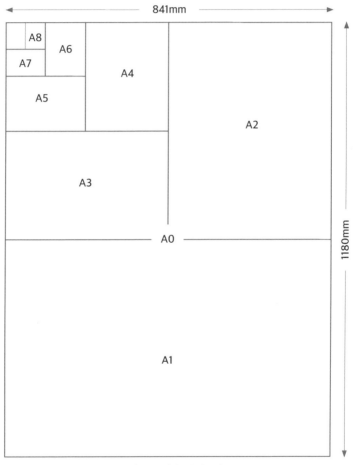

국제표준 A 시리즈 용지 규격

제어판은 A3를 A4로 축소할 때의 축소율을 70%(또는 71%)로 표시한다. 왜냐하면 그 축소율은 길이 축소율을 의미하고, $1/\sqrt{2}$는 대략 0.71이기 때문이다. 이 비율로 가로와 세로를 축소하면 면적은 1/2로 줄어든다. 확대 복사도 마찬가지다. 한 등급 위의 용지로 확대 복사할 때 제어판에 표시되는 확대율은 140%(또는 141%)이다. $\sqrt{2}$가 대략 1.41이기 때문이다. 더 나아가 A 시리즈 용지들은 가로 대 세로 비율이 일정하므로, A 시리즈 용지에 그린 도안을 다른 A 시리즈 용지로 확대 복사하거나 축소 복사해도 도안의 모양은 바뀌지 않는다. 원이 타원이 되거나 정사각형이 직사각형이 되는 일은 일어나지 않는다.

그러나 미국과 캐나다에서는 사정이 다르다. 그곳에서 쓰이는 미국 표준협회ANSI 규격 용지들은 가로와 세로가 인치 단위로 정해져 있으며, A 또는 레터Letter 용지(8.5×11.0인치), B 또는 리걸Legal 용지(11×17인치), C 또는 이그제큐티브Executive 용지(17×22인치), D 레저Ledger 용지(22×34인치), E 레저Ledger 용지(34×44인치)가 있다. 이 용지들의 세로를 가로로 나눈 값은 교대로 17/11이거나 22/17이다. 다시 말해 한 용지와 그보다 두 등급 위의 용지가 가로 대 세로 비율이 같다. 그러므로 확대 복사를 할 때는 한 등급이 아니라 두 등급 위의 용지에 결과물을 출력해야 여백 없이 꼭 맞게 출력할 수 있다. 한 등급 위의 용지에 출력하면 여백이 남을 수밖에 없다. 요컨대 미국 복사기로 축소 복사나 확대 복사를 할 때는 원본과 복사본의 가로 대 세로 비율을 감안하여 용지 상자를 적절히 바꿔야 한다. 얼핏 생각하면 유럽 용지의 무리수 비율이 더 불편할 것 같지만, 실은 미국 용지의 유리수 비율이 더 불편하다.

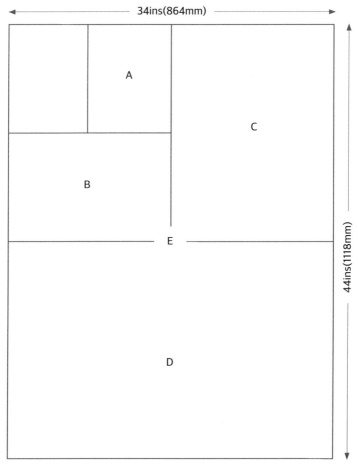

34ins(864mm)

44ins(1118mm)

A

B

C

E

D

미국표준협회 용지 규격

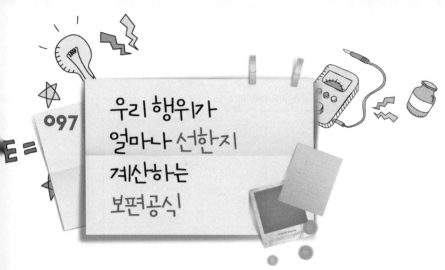

097 우리 행위가 얼마나 선한지 계산하는 보편공식

결정 더하기 행동 곱하기 계획은 생산성 빼기 지체의 제곱과 같다.
_아만도 이아누치(미국 영화감독)

어떤 사람들은 수학을 마치 고귀한 신분의 상징처럼 여겨서 과연 적절한지 따져보지도 않고 성급하게 써먹곤 한다. 쉬운 말로 해도 될 이야기를 수학 기호를 써서 표현한다고 해서 무슨 지식이 늘어나는 것은 아니다. '아기 돼지 삼형제'를 이야기하면 될 상황에서 모든 돼지들의 집합과 모든 삼형제들의 집합과 모든 새끼 동물들의 집합을 정의하고 그세 집합의 교집합을 이야기하는 것은 전혀 쓸모없는 짓이다. 스코틀랜드 철학자 프랜시스 허치슨은 일찍이 1725년에 수학을 과감하게 이용하는 모험에 나섰고, 그 덕분에 성공한 글래스고 대학교수가 되었다. 그는 개별 행위들이 도덕적으로 얼마나 선한지 계산하고자 했다. 우리는 그의 시도에서 뉴턴이 수학을 이용하여 물리세계를 성공적으로 기술한 것을 연상하게 된다. 당시에 뉴턴의 방법은 온갖 학문 분야에서 모범으로 여겨졌다. 허치슨은 우리의 행위가 얼마나 선한지 계산하는 보편공식을 내놓았는데, 다음과 같은 공식이었다.

$$선 = \frac{공익 \pm 사적인 \ 이해利害}{타고난 \ 이익 \ 산출능력}$$

허치슨의 도덕 산술 공식은 여러 면에서 그럴듯하다. 타고난 이익 산출능력이 동일한 두 사람이 있다면, 더 큰 공익을 산출하는 사람이 더 선한 사람일 것이다. 또 두 사람이 공익을 똑같은 정도로 산출했다면, 타고난 이익 산출능력이 더 작은 사람이 더 선한 사람일 것이다.

허치슨의 공식에 들어 있는 또 다른 요소인 사적인 이해는 (기호 ±가 나타내듯이) 긍정적으로 작용할 수도 있고 부정적으로 작용할 수도 있다. 만일 어떤 사람의 행위가 공익을 산출하지만 그 사람 자신에게 해가 된다면 (예컨대 보수를 받지 않고 자선활동을 할 경우) 공식 우변의 분자가 '공익+ 사적인 이해'가 되어 선은 커진다. 반대로 어떤 사람의 행위가 공익도 산출하고 그 사람 자신에게도 이익이 된다면 (당사자와 이웃의 재산권을 침해 하는 부동산 개발을 막기 위해 시위를 할 경우) 공식 우변의 분자가 '공익−사적 인 이해'가 되어 선은 작아진다.

허치슨은 공식에 등장하는 항들에 구체적인 수치를 부여하지 않았지 만 필요하면 그럴 준비가 되어 있었다. 그러나 그의 도덕 공식은 새롭 게 알려주는 바가 없기 때문에 아무 도움이 되지 않는다. 그 공식에 들 어 있는 모든 정보는 애초에 그 공식을 만들 때 집어넣은 것이다. 게다가 선, 사적인 이해, 타고난 능력 등의 단위는 주관적으로 정할 수밖에 없으므로, 허치슨의 공식에서 측정 가능한 예측을 도출할 길은 전혀 없을 것이다. 물론 그 공식이 긴 말을 간단하고 편리하게 줄여놓은 것은 사실이다.

유명한 미국 수학자 조지 버코프는 허치슨보다 200년 뒤에 그의 합리주의적 환상을 연상시키는 환상적인 프로젝트를 시작했다. 버코프는 미적인 가치를 수량화하는 문제에 흥미를 느꼈고 오랫동안 음악과 미술과 디자인의 아름다움을 수량화하는 방법을 탐구했다. 그는 여러 문화에서 사례들을 수집했고, 그가 쓴 『아름다움의 측정*Aesthetic Measure*』은 지금 읽어도 흥미로운 작품이다. 놀랍게도 버코프는 그 작품 전체를 압축하여 허치슨의 공식을 연상시키는 단 하나의 공식을 제시한다. 그는 복잡성에 대한 질서의 비율이 아름다움의 양을 결정한다고 믿었다.

아름다움=질서/복잡성

그는 특정 패턴과 모양의 질서와 복잡성을 객관적으로 계산하는 방법들을 고안하여 온갖 모양의 꽃병, 타일 붙이기 패턴, 장식용 띠와 디자인에 적용한다. 물론 미적인 평가를 어떤 방식으로 하건 간에 꽃병을 그림과 비교하는 것은 무의미하다. 비교는 종류가 같은 항목들 사이에서만 이루어져야 한다. 예컨대 다각형에 대한 버코프의 질서 측정법은 존재할 수 있는 네 가지 대칭성 가운데 몇 개가 있는지를 따지고 몇몇 불만스런 요소들(이를테면 두 꼭지 사이의 거리가 너무 짧다는 점, 내각이 거의 0도나 180도라는 점, 대칭성이 없다는 점)을 고려한다. 결과적으로 나오는 질서 값은

7 이하의 수이다. 다른 한편 복잡성은 다각형의 변을 최소한 한 개 포함한 직선의 개수로 정의된다. 따라서 정사각형의 복잡성은 4, 위에 있는 십자가의 복잡성은 (수평 직선 4개, 수직 직선 4개가 있으므로) 8이다.

　버코프의 공식은 미적 요소들에 점수를 매기는 것이 장점이다. 그러나 안타깝게도 아름다움은 워낙 복잡하고 광범위한 개념이어서 그런 단순한 공식으로 포괄할 수 없다. 게다가 더 엉성한 허치슨의 공식과 달리 버코프의 공식은 많은 이들의 동의를 얻지 못할 것이다. 많은 사람들이 좋아하는 현대적인 프랙털 패턴에 버코프의 공식을 적용하면 그 패턴의 질서는 7 이하일 수밖에 없는 반면, 복잡성은 패턴을 세밀하게 그릴수록 점점 더 커진다. 따라서 프랙털 패턴의 아름다움은 신속하게 0에 수렴한다.

카오스는 세상의 끝이 아니다

다른 나라들은 미래를 예측할 수 없지만,
러시아는 과거를 예측할 수 없다.

_유리 아파나시에프(러시아 사진작가)

카오스는 무지에 대한 극도로 민감한 반응이다. 다시 말해 카오스는 현 상태에 대한 약간의 무지가 시간이 흐름에 따라 급속도로 성장할 때 발생한다. 이때 급속도로 성장한다는 의미는 시간 경과에 비례해서 커지는 정도가 아니라 일정한 시간이 지날 때마다 대략 두 배로 커지는 식으로 성장한다는 뜻이다.

잘 알려진 카오스의 예로 날씨가 있다. 영국 기상청은 대부분 날씨를 높은 정확도로 예측하지 못한다. 그러나 그 원인은 우리의 예측 능력이 나쁘거나 물리학자들이 발견하지 못한 특별한 기상학적 비밀이 있기 때문이 아니라 현재 날씨에 대한 우리의 지식이 완벽하지 않기 때문이다. 영국의 기상관측소들은 육지에는 100km마다 한 곳씩 분포하고 해상에는 그보다 더 드물게 분포하면서 주기적으로 날씨 자료를 측정한다. 따라서 기상관측소들 사이 지역의 자료는 확보되지 않는다. 기상청 컴퓨터는 외삽법(이전의 경험에 비추어 미래를 예측하는 방법)을 써서 기상관측소들 사이 지역의 날씨를 추측할 수밖에 없다. 그러나 안타깝게도 그 추측이 조금만 달라져도, 미래의 날씨는 종종 엄청나게 달라진다.

이런 식으로 미래가 현재 상태에 예민하게 반응하는 현상은 1970년대에 과학자들이 저렴한 개인용 컴퓨터를 쓸 수 있게 되면서 본격적으로 연구되기 시작했다. 그 현상은 '카오스'로 명명되었다. 이 명칭은 겉보기에 평범한 듯한 초기 조건에서, 약간의 불확실성이 발휘하는 효과가 급속도로 성장하여 얼마 지나지 않아 뜻밖의 결과가 발생한다는 뜻을 담고 있다. 영화업계는 카오스 개념에 기대어 〈쥬라기 공원〉을 만들었다. 이 작품에서는 작은 실수로 공룡들과의 잡종교배가 일어나고 시험관이 깨져서 재앙이 닥친다. 사태가 급속도로 악화되고 작은 불확실성이 부풀어 거의 완벽한 무지의 상태가 도래하는 것이다. 심지어 '카오스 학자'까지 등장하여 문제들이 걷잡을 수 없이 커지는 이유를 설명한다.

카오스는 책과 음악 및 드라마에서 얻는 비수학적인 경험을 연상시키는 흥미로운 측면을 지녔다. 우리는 어떤 책이나 연극이나 음악이 '좋다'거나 다른 작품보다 낫다는 평가를 어떻게 할까? 왜 우리는 셰익스피어의 『태풍*The Tempest*』이 사무엘 베케트의 『고도를 기다리며』보다 우월하고 베토벤의 〈교향곡 5번〉이 4분 33초 동안의 침묵으로 이루어진 존 케이지의 〈4분 33초〉보다 우월하다고 생각할까? (나는 존 케이지의 작품에서 하필이면 4분 33초 동안 침묵이 계속되는 이유를 '폭로'하고 다녔는데, 놀랍게도 내 폭로를 들은 음악가들은 다들 금시초문이라고 했다. 케이지는 침묵의 시간을 4분 33초, 즉 273초로 정했다. 왜냐하면 모든 고전적인 분자 운동이 사라지는 절대영도인 섭씨 영하 273도에 빗대어 273초 동안 소리의 절대영도를 구현하려는 의도를 품었기 때문이다. 놀랍게도 그는 〈4분 33초〉가 자신이 작곡한 가장 중요한 작품이라고 주장하기도 했다.)

좋은 책은 다시 읽고 싶은 책, 좋은 연극은 다시 보고 싶은 연극, 좋은 음악은 다시 듣고 싶은 음악이라는 설명이 가능할 것이다. 그런데 다시 즐기고 싶어지는 작품은 약간의 카오스적인 예측 불가능성을 지닌 작품이다. 『태풍』의 연출 방향과 배우들을 약간 바꾸면, 좋은 음악을 다른 지휘자와 악단의 연주로 들으면, 좋은 책을 다른 기분으로 읽으면 전체적으로 전혀 다른 경험을 하게 될 것이다. 반면에 평범한 작품들은 변화를 주어도 전체적인 경험이 달라지지 않으므로 다시 경험할 필요가 없다. 이처럼 카오스는 통제하고 회피해야 할 현상만은 아니다.

어떤 이들은 카오스가 가능하다는 사실이 과학의 종말을 의미한다고 생각한다. 세상에 존재하는 어떤 것에 대해서도 어느 정도의 무지는 항상 존재할 수밖에 없다. 우리에게는 완벽한 측정 장치들이 없다. 만일 우리의 무지로 인한 불확실성이 급속도로 성장한다면, 무언가를 예측하거나 이해하기를 어찌 바랄 수 있겠는가. 다행스럽게도 개별 원자들과 분자들은 내가 앉아 있는 방 안에서 카오스적으로 움직이지만 그것들의 평균 운동은 전적으로 예측 가능하다. 많은 카오스 계들은 이 고마운 속성을 지녔고, 우리는 실제로 그런 평균 양들을 써서 카오스 계의 상태를 측정한다. 예컨대 온도는 방 안에 있는 분자들의 평균속력을 반영한다. 개별 분자들은 이웃 분자들이나 다른 조밀한 물체들과 몇 번 충돌하고 나면 이후에 어떤 역사를 거칠지 예측할 수 없지만, 그 충돌들에도 불구하고 분자들의 평균속력은 일정하게 유지되고 정확하게 예측 가능하다. 그러므로 카오스는 세상의 끝이 아니다.

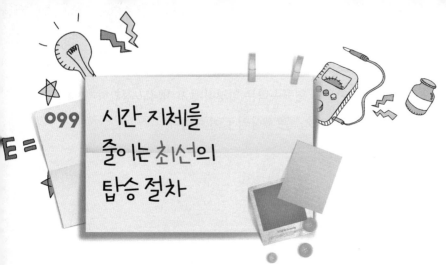

099 시간 지체를 줄이는 최선의 탑승 절차

나는 토끼구름이 아니다. 하늘을 사랑하지도 않는다.
비행기가 싫다. 나는 항공 산업에 종사하는
멍청이 떼거리와 같은 조종사가 될 생각이 전혀 없었다.
_마이클 올리어리(아일랜드 항공 라이언에어 사장)

당신도 나처럼 비행기에 탑승하기 위해 오랫동안 줄을 서서 기다려본 적이 있다면, 사람이 세울 수 있는 나쁜 계획들을 죄다 알고 있을 것이다. 라이언에어 같은 저가 항공사들은 이 문제를 아예 무시한다. 그들이 제공하는 비행기는 좌석 예약 제도가 없어서, 탑승 과정은 난투극에 가깝다. 게다가 승객들을 최대한 괴롭히기로 작정하기라도 했는지 다른 사람보다 먼저 탑승하려는 승객들에게 '우선 탑승권'을 판매하고 장애인이나 아동을 특별 우대하지는 않아서, 전체적으로 탑승 시간이 더 길어진다. 모든 승객이 우선 탑승권을 사면 어떻게 될까? 잘 모르겠지만, 그것이 우선 탑승권을 생각해낸 자들의 최종 목표라는 의심이 든다.

민간 항공사들은 탑승 과정의 스트레스와 시간 지체를 줄이기 위해

334

다양한 방법을 쓴다. 모든 승객이 개인 좌석을 배정받으며, 아동과 장애인이 가장 먼저 탑승한다. 어떤 항공사들은 좌석번호 순서로 맨 뒷좌석 승객부터 탑승시켜서 승객들이 서로를 방해하지 않게 한다. 이 모든 방법들은 이론적으로 훌륭하다. 그러나 실제로는 누군가 어마어마한 짐을 선반에 넣기 위해 통로를 막기 일쑤고 통로 쪽 좌석에 앉은 사람들은 창가 좌석으로 들어가는 사람을 위해 자리에서 일어나야 한다. 모두가 모두를 방해한다. 더 나은 시스템이 절실히 필요하다.

시카고 근처 페르미 연구소에서 일하는 젊은 천체물리학자 제이슨 슈테펜도 그 필요성을 느끼고 간단한 컴퓨터 시뮬레이션을 통해 여러 탑승 전략의 효율성을 연구했다. 그 시뮬레이션은 여러 전략에 따른 탑승 상황을 구현하고 최선의 계획을 무산시키는 많은 변이들을 수용할 수 있었다. 그의 가상 비행기는 좌석이 120석이고, 승객들이 중앙 통로 양편에 각각 3명씩 한 가로줄에 6명 앉게 되어 있으며, 1등석 따위는 없었다. 또 모든 승객이 선반에 넣을 짐을 가지고 있었다.

입구가 앞쪽에 하나 있는 비행기를 위한 최악의 탑승 전략은 쉽게 발견되었다. 그것은 좌석번호 순서가 맨 앞좌석인 승객부터 탑승시키는 방법이다. 이 방법을 채택하면 모든 승객이 이미 탑승하여 짐을 올리고 좌석에 앉느라 바쁜 사람들을 헤치고 나아가야 한다. 이 자명한 문제점을 의식한 항공사들은 최악의 전략의 반대가 최선이라는 단순한 결론을 내렸다. 즉, 좌석번호가 맨 뒷좌석인 승객부터 탑승시키는 방법이 최선이라고 결론지었다. 그런데 놀랍게도 슈테펜은 이 방법이 맨 앞좌석 승객부터 탑승시키는 방법만 빼고 나머지 모든 방법보다 느리다는 것을 발견했다. 차라리 완전히 무작위로 탑승시키는 방법이 훨씬 빨랐다. 그러나 최선의 방법은 다음과 같이 더 체계적이었다. 창가 좌석 승객은 중간이나 통로 쪽 좌석 승객보다 먼저 탑승해야 하고, 특정 시점에 짐을 선반에 넣으려는 승객들이 한 구역에 밀집되지 않고 통로 전체에 골고루 퍼지도록 탑승이 이루어져야 한다.

만일 좌석이 짝수 번째 가로줄 창가인 승객들이 먼저 탑승한다면, 그들 앞뒤로 여유 공간이 확보될 것이다. 그러면 모두가 동시에 짐을 넣어도 서로를 방해하지 않을 것이며, 누군가 지나가려 할 경우에도 여유 있게 비킬 수 있을 것이다. 더 나아가 뒷좌석 승객부터 탑승시킨다면, 어쩔 수 없이 다른 사람을 지나가야 하는 불편을 막을 수 있을 것이다. 다음으로 중간 좌석 승객들이 탑승하고, 뒤를 이어 통로 쪽 좌석 승객들이 탑승하면 그다음은 홀수 가로줄 승객들의 차례이다.

이 방법을 모든 사람에게 엄격하게 적용할 수는 없다. 어린아이들은 부모와 함께 맨 먼저 탑승시켜야 할 것이다. 그러나 이 방법을 기본으로 채택하면 상당한 시간을 절약할 수 있다. 슈테펜의 컴퓨터 모형은 작은 변이들('문제 승객들')을 집어넣은 수백 회의 시도에서 이 방법이 표준적인 뒷좌석 우선 탑승법보다 약7배 빠르다는 것을 보여주었다. 슈테펜은 이 탑승 방법으로 특허를 받았다.

상상해봐
온 세상이 모두의 것이라고

_존 레넌(비틀스 멤버)

때때로 우리는 나무에 가려 숲을 보지 못한다. 우리의 지능은 큰 수들 앞에서 휘청거린다. 10억은커녕 100만도 상상하기 어렵다. 더 구체적이고 직관적인 파악을 위해서 큰 것들의 크기를 줄일 필요가 종종 있다. 1990년에 세계를 작은 마을에 빗댄 유명한 비유가 등장했다. 그 비유는 세계를 인구 100명의 마을로 줄여 상상할 것을 요구한다. (지구촌 개념은 1990년에 도넬라 메도우스에 의해 인구 1,000명의 마을로 처음 제안되었다. 메도우스가 라디오에 출연해서 하는 말을 들은 환경운동가 데이비드 코플랜드는 메도우스를 찾아갔고, 그녀의 통계자료를 인구 100명의 마을에 맞게 고쳤다. 그는 그 통계자료를 1992년 리우데자네이루 지구정상회담 포스터에 넣어 5만 명에게 배포했다. 메도우스의 원래 자료는 1990년에 『누가 지구촌에 살까?』라는 제목으로 출판되었다. 지구촌을 처음 생각한 인물은 스탠퍼드 대학의 필립 하터 교수라는 설이 있으나, 실제로 그는 메도우스와 코플랜드의 이메일을 인터넷을 통해 전달한 인물에 불과하다.) 다른 모든 속성들도 그 축소비율에 맞춰 줄여야 한다. 그렇게 축소된 세계는 과연 어떤 마을일까?

지구촌에는 아시아인 57명, 유럽인 21명, 서반구 사람 14명, 아프리카인 8명이 살 것이다. 백인이 아닌 주민이 70명, 백인 주민이 30명일 것이다. 겨우 6명의 미국인이 마을 전체 재산의 59%를 소유할 것이며, 80명의 집은 표준 미달일 것이고, 70명은 문맹이고, 50명은 영양실조에 시달릴 것이다. 컴퓨터를 소유한 사람은 오직 한 명, 대학 교육을 받은 사람도 겨우 한 명일 것이다. 참 이상한 마을이다. 그렇지 않은가?

옮긴이의 말

한마디로 푸짐한 책이다. 눈이 휘둥그레질 정도로 푸짐한 밥상을 받고 젓가락으로 무얼 먼저 집을지 고민하는 사람의 심정을 체험하게 해주는 책이다. 말하자면 반찬이 무려 100가지나 놓인 밥상과 같다. 그러니 별의별 이야기가 다 나온다. 복사 용지의 크기, 피겨스케이팅 경기의 채점 방법, 축구 리그의 승점 제도, 미술관에 필요한 감시원의 수, 다이아몬드 절삭법, 셜록 홈스의 맞수, 화재 현장에서 먼지의 위험성 등… 수학과 관련이 있는 이야깃거리가 이토록 많은지 미처 몰랐을 것이다.

　게다가 유익한 책이다. 어떤 전문 활동이든 그것이 일상생활과 단절되지 않을 때 왕성하고 행복한 활동일 것이다. 무슨 특별한 곳이 아니라 일상생활에서 시인은 시를, 음악가는 음악을, 수학자는 수학을 발견해야 한다. 이른바 전문가가 안쓰러운 노동자로 전락하지 않으려면 그래야 마땅하다. 그러나 우리의 일상생활은 예술이나 과학과 별개이고 그런 전문적인 활동을 키우고 활성화할 기반이 턱없이 부족하다고 느끼는 이들이 많다. 이 책은 그런 그들에게 일상생활과 수학이 실은 단절되지 않았음을 일깨워준다. 일상생활과 수학 간의 단절을 극복하자고 외치는 것이 아니라, 그런 단절이 우리의 착각에 불과함을 차분히 깨닫게 해준다는 점에서 이 책은 공허하지 않고 유익하다.

재미있는 책이라는 말은 따로 하지 않겠다. 이야기 각각의 첫머리에 제시된 인용문만 몇 개 읽어도 감이 오리라고 믿는다. 글쟁이로도 손색이 없는 저자가 쓴 푸짐하고 유익하고 재미있는 이 책이 독자들에게 일상생활을 수학자의 눈으로 다시 볼 기회를 선사하기를 바란다.

병신년 봄, 살구골에서

전대호